U0831737

科技论文规范写作常见差错辨析

乔 芸 石 丹 著

中国矿业大学出版社
·徐州·

内容提要

本书收集、总结了近年来研究生作者科技论文中常见的错误，特别是普遍性的错误，将典型错误以举例、简析的方式集合成书，从前置部分、正文部分、编排格式、语言文字和标点符号等方面列举了研究生在科技论文写作中存在的主要问题，希望对研究生科技论文写作有所帮助。

本书适用于在校研究生及科技工作者参考使用。

图书在版编目(CIP)数据

科技论文规范写作常见差错辨析 / 乔芸，石丹著. 徐州：中国矿业大学出版社，2025. 5. —ISBN 978-7-5646-6770-2

Ⅰ. G301

中国国家版本馆 CIP 数据核字第 2025YQ7362 号

书　　名 科技论文规范写作常见差错辨析
著　　者 乔　芸　石　丹
责任编辑 吴学兵
出版发行 中国矿业大学出版社有限责任公司
（江苏省徐州市解放南路　邮编 221008）
营销热线 (0516)83885370　83884103
出版服务 (0516)83995789　83884920
网　　址 http://www.cumtp.com　**E-mail**:cumtpvip@cumtp.com
印　　刷 徐州中矿大印发科技有限公司
开　　本 787 mm×1092 mm　1/16　**印张** 11.25　**字数** 220 千字
版次印次 2025 年 5 月第 1 版　2025 年 5 月第 1 次印刷
定　　价 50.00 元

前 言

科技论文写作是研究生需要具备的一项非常重要的专业技能，对研究生科技论文写作能力的锻炼与培养也是研究生教育中非常重要的一项内容。学报是高校科研成果的展示平台，担负着教育和培养优秀科研人才的责任。目前，在校研究生已成为学报重要的作者群，在研究生科技论文写作及提升研究生培养质量过程中，学报编辑起到了重要的指导作用。

研究生一般从研二开始撰写期刊论文和学位论文，然而大多数学生在大学本科阶段几乎没有科技论文写作经验，经过文献查阅、试验研究后便直接进入写作环节，写作能力有限，常常出现表述不清、逻辑和结构混乱、引用不规范等问题。研究生从导师处获得的指导更侧重于知识层面，而在科技论文写作规范方面却很难得到系统的训练。

2022 年，国家出台新版学术论文编写标准，即《学术论文编写规则》(GB/T 7713.2—2022，以下简称《规则》)，于 2023 年 7 月 1 日正式实施。《规则》对作者和编辑提出了更高的规范要求。

为提高研究生写作质量，很多科技期刊编辑部编写了论文格式规范，从论文题目的字数、摘要的写法、坐标曲线图标目中量和单位采用的形式、参考文献著录规则等方面进行详细的规定，但很多研究生提交的论文在格式和规范方面仍然不尽如人意。

为此，内蒙古工业大学学报编辑部收集、总结了近年来研究生作者科技论文中常见的错误，特别是普遍性的错误，将典型错误以举例、简析的方式集合成书，从前置部分、正文部分、编排格式、语言文字和标点符号等方面列举了研究生在科技论文写作中存在的主要问题，希望对研究生科技论文写作有所帮助。

由于时间紧、任务重，为将书中内容更好地呈现给广大读者，本书作者分工合作。乔芸主要负责全书55％内容（约12万字）的编辑整理，石丹负责全书45％内容（约10万字）的编辑整理。本书得到了内蒙古工业大学研究生教育教学改革项目“‘科技论文规范写作与实践’课程探索与优化”（YJG 202306）的支持。

著　者

2024年8月

目　录

导 语

科技论文一般包括前置部分、正文部分和附录部分。前置部分通常包括题名、作者信息、摘要、关键词及其他项目等;正文部分通常包括引言、主体、结论和参考文献等;附录部分是以附录的形式对正文部分的有关内容进行补充说明。科技论文一般不设附录,但那些编入正文部分会影响编排的条理性和逻辑性、有碍论文结构的紧凑性、对突出主题有较大价值的材料,以及某些重要的原始数据、数学推导、计算程序、设备和技术等的详细描述,可以作为附录编排于论文的末尾。

1　前置部分

1.1　题名

《学术论文编写规则》(GB/T 7713.2—2022)第 4.2.1 节中规定:

(1) 题名是论文的总纲,是反映论文中重要特定内容的恰当、简明的词语的逻辑组合。

(2) 题名中的词语应有助于选定关键词和编制题录、索引等二次文献所需的实用信息,应使用标准术语、学名全称、药物和化学品通用名称,不应使用广义术语、夸张词语等。

(3) 为便于交流和利用,题名应简明,一般不宜超过 25 字。为利于国际交流,论文宜有外文(多用英文) 题名。

(4) 允许有副题名:题名语义未尽,用副题名补充说明论文中的特定内容;研究成果分几篇报道,或是分阶段的研究结果,各用不同副题名以区别其特定内容;其他有必要用副题名作为引申或说明者。

(5) 题名在论文中不同地方出现时应保持一致。

科技论文题名的常见错误类型:题名大,内容少;题名烦琐、冗长,主题不鲜明;通用术语、缩略语使用不当;中英文题名不一致等。

案例 1

【错例】基于绿色节能理念的工业厂房外窗设计研究

【修改建议】工业厂房外窗节能设计研究

【简析】原题名研究范围太大,针对论文内容或具体研究对象命名即可。

案例 2

【错例】基于节地理念的工业厂区集约耦合设计研究——以河北省某厂区为例

【修改建议】工业厂区节地耦合设计研究

【简析】标题应概括研究内容。案例在正文中没有太多体现，副标题应去掉。

案例 3

【错例】氮氧化物税额优化及其经济影响——基于大气自净能力视角

【修改建议】氮氧化物税率优化及其经济影响——基于大气自净能力视角

【简析】原题名中的“税额”需要斟酌，正文中有的地方用“税率”，有的地方用“税额”，而氮氧化物的计税基础是税率，题名应与正文一致，建议改为“税率”。

案例 4

【错例】Research on frost damage characteristics of highways in patchy permafrost region of inner mongolia

【修改建议】Research on frost damage characteristics of highways in patchy permafrost region of Inner Mongolia

【简析】Inner Mongolia 为专有地名，在科技论文写作规范中规定专有地名首字母应大写，题名中的专有地名同样适用。

案例 5

【错例】融合随机森林与逻辑回归的抗乳腺癌药物 ADMET 性质预测

【修改建议】基于随机森林的逻辑回归模型预测抗乳腺癌药物的 ADMET 性质

【简析】科技论文的题名应该采用简洁规范的中文词语组合或短句来反映论文的研究对象及核心内容。文章针对抗乳腺癌药物 ADMET 性质预测问题，建立了基于随机森林的逻辑回归模型，并对抗乳腺癌药物 ADMET 性质进行预测。原题名不能准确体现文章的研究内容，应使题名与研究内容相契合。

案例 6

【错例】多功能秸秆揉丝机振动噪声测试与分析

【修改建议】秸秆揉丝机噪声测试与分析

【简析】文章为了准确识别秸秆揉丝机的振动噪声源，基于阵列式声压传感器测试了秸秆揉丝机的多点振动噪声，对所采集的噪声信号进行自谱分析与小波分析，获得揉丝机的频率与噪声能量分布规律。分析表明，多功能秸秆揉丝机的振动噪声由旋转噪声和涡流噪声构成，其中旋转噪声为主要组成部分。因此，建议将原题名中“振动”去掉，而“多功能”在正文内容中并没有体现，应删除。

1.2 作者信息

《学术论文编写规则》(GB/T 7713.2—2022)第 4.2.2 节中规定：

(1) 论文应有作者信息。作者信息具有以下意义：拥有著作权的声明；文责自负的承诺；联系作者的渠道。作者信息的内容，一般包括作者姓名、工作单位及通信方式等。为利于国际交流，论文宜有与中文对应的外文（多用英文）作者信息。

(2) 对论文有实际贡献的责任者应列为作者，包括参与选定研究课题和制订研究方案、直接参加全部或主要部分研究工作并作出相应贡献，以及参加论文撰写并能对内容负责的个人或单位。个人的研究成果，标注个人作者信息；集体的研究成果，标注集体作者信息，即列出全部作者的姓名，不宜只列出课题组名称。标注集体作者信息时，应按对研究工作贡献的大小排列名次。

(3) 如需标注中国作者的汉语拼音姓名，应执行 GB/T 28039 的规定，即姓在前名在后，双名连写，其间不加短横线，名不准许缩写。国外作者的姓名，应尊重其各自的姓名拼写规则。

(4) 作者信息的位置宜置于题名之下。

(5) 论文可标注通信作者的有关信息。此项目也可标注在文末。

科技论文作者信息的格式、体例及篇幅大小参照目标期刊的要求来确定，不拘泥于固定的模式。

案例 1

【错例】张华（1998—），女，硕士，主要从事光催化材料开发与应用研究。

【修改建议】张华（1998—），女，2020 级硕士研究生，主要从事光催化材料开发与应用研究。

【简析】根据某期刊的要求，第一作者为在读研究生的，身份需要明确到在读年级。这样即使论文在作者毕业后见刊，也方便作者使用该论文研究成果。

案例 2

【错例】作者单位地址中“西安”和“长安”的英文分别为“Xian”和“Changan”

或“Xi An”和“Chang An”。

【修改建议】作者单位地址中“西安”和“长安”的英文分别为“Xi'an”和“Chang'an”。

【简析】《汉语拼音正词法基本规则》(GB/T 16159—2012)作为汉语拼音的拼写规则及其书写格式的准则,规定:“拼写普通话基本上以词为书写单位。”“汉语地名中的专名和通名分写,每一分写部分的首字母大写”。作者单位地址中的地名(专名)英文书写就是拼音,因此“西安”和“长安”的英文应该为“Xi'an”和“Chang'an”(凡以 a、o、e 开头的非第一音节,在 a、o、e 前用隔音符号“'”隔开)。

案例 3

【错例】

SO_2储集材料调控制备 $BaSO_4$的研究

刘某某[1,3],谢某某[2],黄某某[1,2]

(1. 内蒙古工业大学 化工学院,呼和浩特 010051;

2. 内蒙古工业大学 材料科学与工程学院,呼和浩特 010051;

3. 内蒙古工业大学 二氧化碳资源化利用自治区高等学校重点实验室,呼和浩特 010051)

【修改建议】

SO_2储集材料调控制备 $BaSO_4$的研究

刘某某[1,2],谢某某[3*],黄某某[1,2]

(1. 内蒙古工业大学 化工学院,呼和浩特 010051;

2. 内蒙古工业大学 二氧化碳资源化利用自治区高等学校重点实验室,呼和浩特 010051;

3. 内蒙古工业大学 材料科学与工程学院,呼和浩特 010051)

【简析】论文署名格式是在题名下方列出作者姓名,再另起一行列出作者单位。作者单位不同时,所有作者依次并列书写,并在作者姓名的右上角加上序号,若是通信作者,右上角还要加上标识符号“*”。本例第一作者分属于两个单位,单位序号为“1,3”,没有依次顺序标注,调整后为“1,2”。通信作者的单位序号相应进行调整,并加上标识符号“*”。

案例 4

【错例】WANG Yan[1],BI Jun Xi[1,2],GE Xin Yu[2],WANG Liu Ying[1],WANG Yong Xiang[3]

【修改建议】WANG Yan[1], BI Junxi[1,2], GE Xinyu[2], WANG Liuying[1], WANG Yongxiang[3]

【简析】根据《中国人名汉语拼音字母拼写规则》(GB/T 28039—2011),中国作者的汉语拼音姓名应姓在前名在后,双名连写。姓和名的开头字母大写。中文信息处理中的人名索引,可以把姓的字母都大写。

1.3 摘要

《学术论文编写规则》(GB/T 7713.2—2022)第 4.2.3 节中规定:

(1) 论文应有摘要。摘要是对论文的内容不加注释和评论的简短陈述,应具有独立性和自明性,即不阅读全文就可以获得必要的信息。为利于国际交流,宜有外文(多用英文)摘要。摘要的撰写应符合 GB 6447 的规定。

(2) 摘要的内容通常包括研究的目的、方法、结果和结论。宜采用报道性摘要,也可采用报道/指示性摘要、指示性摘要。报道性摘要可采用结构式。

(3) 摘要中可以有数学式、化学式、插图、表格等,但不应含有数学式、化学式、插图、表格、参考文献等的编号,不宜使用非公知公用的符号和术语。对摘要中首次出现非公知公用的简称、外文缩略语和缩写词,应给出全称、中文翻译或解释。

(4) 中文摘要的字数,原则上应与论文中的成果多少相适应,在一般情况下,报道性摘要以 400 字左右、报道/指示性摘要以 300 字左右、指示性摘要以 150 字左右为宜。中文摘要、外文摘要内容宜对应,为利于国际交流,外文摘要可以比中文摘要包含更多信息。

(5) 摘要宜置于作者信息之后。外文摘要可置于中文摘要之后,也可置于正文部分之后。

科技论文摘要中常见错误类型:结构和内容不完整(如缺少必要的研究背景、目的,缺少方法、结果);篇幅偏短;过多重复前言;照搬正文语句;过多重复结论;内容不浓缩、不概括,表达冗余,篇幅过长;出现了不必要的引文或式子;中、英文摘要内容不一致;无独立性与自明性等。

案例 1

【错例】针对桡骨远端骨折闭合复位外固定绑扎过程有关力学问题,研究夹板绑扎外固定过程中各组成部分的生物力学分析。采用了 Workbench 力学分析方法研究伸直型桡骨远端骨折夹板绑扎固定的力学价值。通过从 CT 影像中获得前臂模型数据,利用 mimics 将影像数据转换为三维模型并运用 Geomagic

进行降噪和光滑处理，在UG中模拟实际夹板绑扎过程中将模型中各个组成部分进行组合。研究了夹板固定对桡骨远端骨折前臂的影响，利用Workbench进行生物力学分析，具体步骤包括：材料属性设置、导入模型、定义模型的刚柔特性、设置接触规则和边界条件、网格划分、施加载荷以及结果后处理。结果表明：夹板固定后对尺桡骨具有足够固定力以保证组织的稳定。模型变形的最大位置在背侧夹板前端靠近桡骨一侧为1.1446×10^{-4} mm，桡骨远端骨折固定后尺桡骨的应力和应变最大点发生在骨折处，应力最大值为0.1296 MPa，骨折断端端面应力最大值为2.2071×10^{-2} MPa。压垫中外侧压垫与绑带接触处应力最大，内侧压垫与软组织接触处应力最大。夹板在桡侧中段应力最大。骨折断端偏移方向是从桡侧向尺侧方向偏移。结论为模拟桡骨远端骨折夹板外固定过程，直观表示了前臂组织、夹板、压垫在分析过程中的的应力和变形情况。阐述了夹板固定作用价值和具体作用方法。

【修改建议】针对桡骨远端骨折闭合复位外固定绑扎过程有关力学问题，进行了夹板绑扎外固定过程中各组成部分的生物力学分析。采用了Workbench软件研究了伸直型桡骨远端骨折夹板绑扎固定的力学价值。通过从CT影像中获得前臂模型数据，利用mimics将影像数据转换为三维模型并运用Geomagic进行降噪和光滑处理，在UG中模拟实际夹板绑扎过程中将模型中各个组成部分进行组合，探究了夹板固定对桡骨远端骨折前臂的影响。结果表明，夹板固定后对尺桡骨具有足够固定力以保证组织的稳定。模型变形的最大位置在背侧夹板前端靠近桡骨一侧。桡骨远端骨折固定后尺桡骨的应力和应变最大点发生在骨折处。压垫中外侧压垫与绑带接触处应力最大，内侧压垫与软组织接触处应力最大。夹板在桡侧中段应力最大。骨折断端从桡侧向尺侧方向偏移。夹板固定能够满足骨折固定的要求，夹板绑扎生物力学分析为外固定器械设计提供参考依据。

【简析】原摘要近500字，不符合《学术论文编写规则》(GB/T 7713.2—2022)关于中文摘要字数的要求。有些内容重复，连贯性和逻辑性有待提高，甚至有重字现象，如：最后一句结论中"直观表示了前臂组织、夹板、压垫在分析过程中的的应力和变形情况"，多了一个"的"字。原摘要出现了"具体步骤包括……"等不必要的内容，最后一句"结论……"不是阐明论文的主要成就和贡献，更像是论文内容的概括。经修改，摘要字数控制在400字以内，内容包括研究的目的、方法、结果和结论，具有独立性和自明性，基本上符合科技论文摘要的写作要求。

案例 2

【错例】为提高候选药物的成功率并减少开发成本，构建 ADMET(Absorption 吸收、Distribution 分布、Metabolism 代谢、Excretion 排泄、Toxicity 毒性)性质的预测模型，提供优化 ADMET 性质的预测服务具有重要意义。针对抗乳腺癌药物 ADMET 性质预测问题，建立了基于随机森林的逻辑回归模型。基于新方法对抗乳腺癌药物 ADMET 性质进行预测并进行对比验证，结果表明，该方法对抗乳腺癌药物 ADMET 性质预测的准确率较高且具有良好性能，为 ADMET 性质的预测提供了新方案。

【修改建议】药物的 ADMET 性质(药代动力学性质和安全性)是影响药物研发成败的一个主要因素。为提高抗乳腺癌候选药物的研发成功率并减少开发成本，针对抗乳腺癌药物 ADMET 性质的预测，采用一种基于随机森林的逻辑回归模型。基于该模型对抗乳腺癌药物 ADMET 性质进行了预测和对比验证。结果表明，该方法对抗乳腺癌药物 ADMET 性质预测的准确率较高且性能良好，为优化抗乳腺癌药物 ADMET 性质的预测提供了新的方案。

【简析】摘要是对论文的内容不加注释和评论的简短陈述，应具有独立性和自明性，即不阅读全文就可以获得必要的信息。原摘要共有 3 个句子，但表达不是特别清楚。第 1 句是“目的”还是“背景”，分不清楚；第 2 句“针对……问题，建立……”说明目的与问题；第 3 句前半句中对“新方法”的阐述较模糊，后半句则给出了结果。修改后的摘要共有 4 个句子，按照背景、目的、方法(过程)、结果与结论的模式进行撰写，较好地体现了报道性摘要的各个要素。

案例 3

【错例】本文基于 Eshelby 夹杂理论分析了冰含量与高温冻土等效变形模量之间的关系，在此基础上引入模量比对现有的 Monismith 累积塑性应变模型进行修正，得到了一种新的高温冻土累积塑性变形预测模型，并采用室内试验结果进行了验证。结果显示模型数据与试验数据具有较好的吻合度。新提出的修正 Monismith 累积塑性应变预测模型可以较准确地模拟高温冻土整个动应变过程，且能够反映组构变化所诱发的高温冻土累积变形特征的不同。

【修改建议】针对不同黏粒含量的高温冻土，基于 Eshelby 夹杂理论分析了冰含量与等效变形模量之间的关系，并在此基础上引入模量比对现有的 Monismith 累积塑性应变模型进行修正，得到了一种新的高温冻土累积塑性变形预测模型，并采用室内试验结果进行了验证。结果显示，模型数据与试验数据具有较好的吻合度。新提出的修正 Monismith 累积塑性应变预测模型表征了冰含量与土体变形模量之间的关系，其可以较准确地模拟高温冻土整个动应变过程，且能够反映组构变化所诱发的高温冻土累积变形特征的不同。

【简析】论文摘要一般采用第三人称撰写，避免出现“本文”“本研究”“本课题”等词语。这是因为，采用第一人称表述会强化摘要表述效果的主观性，而第三人称表述则强化了研究内容的客观性。

案例 4

【错例】2014 年我国颁布的《绿色工业建筑评价标准》明确将绿色建筑设计理念引入工业建筑领域，2017 年开始实施的《工业建筑节能设计统一标准》对工业厂房的保温节能设计给出了规范性的指导，但仅仅是针对建筑冬季保温能耗的限定。工业厂房建筑节能是多种因素共同作用的综合结果。科学合理的外窗设计不仅能够满足工业采光要求，还有利于厂房内物理环境质量的综合效应，是实现绿色工业建筑的重要构造部分。本文结合实际项目，通过对工业厂房外窗开启位置、朝向、形状等方面进行设计研究，目的在于对工业厂房综合节能设计起到一定借鉴作用。

【修改建议】本文通过对工业厂房外窗的开启位置、朝向、形状等进行对比分析和设计研究，得出基于综合节能效应的外窗节能设计方案。该方案不仅能够满足工业厂房采光要求，还有利于提高通风、散热、除尘、除湿等综合物理环境质量，对工业厂房综合节能设计起到一定借鉴作用。

【简析】原摘要犯了“表达冗余”的典型错误。“本文结合实际项目”之前的部分为常识性知识介绍，可以删除。原摘要缺乏具体研究内容、方法和研究结果。修改后的摘要交代清楚了论文采用的方法、结果和创新之处，基本上符合摘要的写作方法，但字数仍偏少，还有待进一步修改完善。

案例 5

【错例】蓬勃发展的工业建筑占用和消耗了大量土地资源，由于受生产工艺影响，工业建筑呈现占地大、密度低、布局分散等特点。在土地资源日趋紧张的今天，这种现象与我国大力推进的绿色可持续发展理念不符。节约土地，提高土地利用率，已成为工业厂区布局和厂房设计的重要部分。另一方面，随着科学技术的进步，工业生产模式不断变化，厂区布局应具有与未来发展相适应的韧性。基于以上背景，以绿色节地理念为原则，从工业厂区总体布局入手，以提高土地利用率为目的，引入集约耦合设计策略，并结合具体实际案例进行设计研究，提出适用于绿色生态发展观的工业厂区的规划布局设计建议。

【修改建议】工业厂区由于建筑体量大、层数低、布局分散，占用和消耗了大量土地资源。随着科学技术的进步，工业生产模式不断变化，厂区布局应具有与发展相适应的韧性，减少消耗闲置土地和空间，体现厂区土地的高效利用。该论文以绿色节地理念为出发点，从工业厂区总体布局入手，引入功能和空间的耦合设计策略，提出适用于绿色发展观的工业厂区的规划布局设计建议。

【简析】原摘要内容冗长，背景知识介绍过多，无法突出核心研究内容，"另一方面"之前的内容删除后按照报道性摘要的要求重新撰写。

1.4 关键词

《学术论文编写规则》(GB/T 7713.2—2022)第4.2.4节中规定：

(1) 论文应有关键词。关键词是为便于文献检索从题名、摘要或正文部分选取出来用以表示论文主题内容的词或词组。关键词要有检索意义，不应使用太泛指的词，例如"方法""理论""分析"等。关键词的撰写应符合CY/T 173的规定。

(2) 关键词宜从《汉语主题词表》或专业词表中选取，未被词表收录的新学科、新技术中的重要术语以及地区、人物、产品等，可选作关键词。

(3) 为利于国际交流，宜标注与中文对应的外文(多用英文)关键词。

(4) 每篇论文以选取3～8个关键词为宜。

(5) 关键词宜置于摘要之后。

科技论文关键词常见错误类型：关键词与文中词汇不一致；首字母大小写不规范等。

案例1

【错例】关键词：钢渣；固废；贝利特硫铝酸盐水泥；水化

【修改建议】关键词：钢渣；固废；贝利特-硫铝酸盐水泥；水化

【简析】特殊名词格式错误。按照"一致性"的原则，文中名词格式须一致。原文中名词"贝利特-硫铝酸盐水泥"有的中间有"-"，有的没有"-"，应统一为"贝利特-硫铝酸盐水泥"，关键词格式也应与文中一致。

案例 2

【错例】steel slag;solid waste;belite sulphoaluminate cement;hydration

【修改建议】steel slag;solid waste;Belite-sulphoaluminate cement;hydration

【简析】特殊名词首字母大写。此案例为案例1的英文翻译,“belite sulphoaluminate”为特殊名词,首字母大写,且格式与文中保持一致,加“-”,为“Belite-sulphoaluminate”。

1.5 其他项目

《学术论文编写规则》(GB/T 7713.2—2022)第 4.2.5 节中规定:

论文前置部分要求、建议或允许标注的其他项目。

(1) 基金资助项目产出的论文,应标注该基金名称及项目编号。

(2) 宜标注收稿日期,可同时标注修回日期。此项目也可标注在文末。

(3) 可标注引用本论文的参考文献格式。

(4) 可标注论文增强出版的元素以及相关声明,如二维码、网址链接、作者声明等。此类元素也可标注在论文其他部分的适当处。

科技论文其他项目标注参照目标期刊的要求来确定,不拘泥于固定的内容、模式。

实例 1

收稿日期:2024-04-22

基金项目:国家自然科学基金项目(12345678,12345678);内蒙古自治区自然科学基金项目(12345678)

第一作者:李某某(1990—),男,博士,讲师,主要从事工业固废建材化应用、胶凝材料力学行为研究。E-mail:12345678@163.com

通信作者:薛某某(1975—),男,博士,教授,主要从事岩石力学、地下工程(采矿、隧道)稳定性分析、智慧监测预警研究。E-mail:12345678@qq.com

【解析】这是某期刊收稿日期、基金项目、作者简介的标注实例。收稿日期采用“年-月-日”的格式;基金项目采用“项目名称(项目编号)”的格式,一篇文章有多个基金项目时,各个项目依次列出,期间用分号分隔,原则上每篇文章不多于3个基金项目;作者简介分为第一作者和通信作者的简介,均采用“姓名(出生年—),性别,学历,职称,研究方向。E-mail”的格式。

实例2

文章编号:1001-5167(2024)01-0289-07

DOI:10.13785/j.cnki.nmggydxxbzrkxb.2024.04.001

【解析】这是某期刊文章编号和DOI的标注实例。文章编号由期刊的国际标准连续出版物号(ISSN)、出版年、期次号及文章的篇首页码和页数5段共20位数字组成。如:“文章编号:1001-5167(2024)01-0289-07”表示该文章发表在《内蒙古工业大学学报(自然科学版)》2024年第1期,首页所在页码为289,共有7页。该期刊的ISSN为1001-5167。DOI是数字对象标识符(digital object indentifier)的缩写,是一种包括字母和数字组合的针对数字内容或对象的唯一标识符,其主要作用是实现全球引文互联。DOI由期刊编辑部按照相关规则生成。

案例1

【错例】文献标志码:B

【修改建议】文献标志码:A

【简析】文献标志码混淆。文献标志码是由《中国学术期刊(光盘版)检索与评价数据规范》提出的一种用于文献大类检索的期刊文献标识代码,使用此代码有助于文献统计和期刊评价,确定文献检索范围和提高检索结果实用性。一般来说,一种科技期刊的主题是固定的,刊登的论文的文献标志码应该是相同的。文件标志码共分为5种,其中A表示理论与应用研究学术论文(包括综述报告),B表示实用性科技成果报告(科技)、理论学习与社会实践总结(社科),C表示业务指导与技术管理性文章(包括领导讲话、特约评论等),D表示一般动态信息(通讯、报道、会议活动、专访等),E表示文件、资料(包括历史资料,统计资料、机构、人物、书刊、知识介绍等)。学术性期刊文章的文献标志码一般为A。

案例2

【错例】中图分类号

【修改建议】中图分类号:O 175.2

【简析】原文中图分类号空缺。中图分类号是为了由论文的学科属性来实现族性检索,并为论文的分类统计创造条件,按照《中国图书馆分类法》在论文中标注的一种分类代号，主要是为了便于文献的检索、存储和编制索引。作者常常不重视或忽略中图分类号的标注工作，所提交的论文常常没有标注中图分类号或所标注的中图分类号与论文主题不符。作者撰写、修改论文时应重视此项工作。

2 正文部分

2.1 引言

《学术论文编写规则》(GB/T 7713.2—2022)第 4.3.2 节中规定:

(1) 学术论文一般有引言。引言内容通常包含研究的背景、目的、理由,预期结果及其意义和价值。

(2) 引言的编写宜做到:切合主题,言简意赅,突出重点、创新点,客观评价前人的研究成果,如实介绍作者自己的成果。

科技论文引言的常见错误类型:对研究现状的层面未区分;对国内外研究现状欠阐述;对研究背景意义交代不清;创新点缺少或不明确突出;对论文整体结构未加说明等。

案例 1

【错例】桡骨远端骨折是指距桡骨远端关节面 3 cm 之内的骨折,是临床上常见的骨折类型,约占全身骨折的 17%[1-2]。由于夹板固定风险低、治疗效果明显等原因,夹板固定是桡骨远端骨折常用的一种固定方法[3-5]。将生物力学分析引入桡骨远端骨折外固定绑扎过程中,能够直观观察夹板固定对患臂的影响,生物力学分析引入骨科领域有着其不可替代的医疗价值,吸引广大学者的关注。

针对夹板固定力学分析,国内外开展过很多相关的研究。黄彬铖[6]对小夹板固定 C 型桡骨远端骨折进行力学分析,得到软组织与骨组织骨折端的力学变化并进行讨论。李永耀[7]等人对研究钢板螺钉内固定联合夹板外固定对 Frykman Ⅷ型桡骨远端骨折治疗的韧带组织和骨组织力学变化。何剑颖[8]通过模拟人摔倒时手掌在冲击载荷作用下的有限元分析。屈任伸[9]等人探讨有限元在桡骨远端骨折中的应用现状,对分析的过程的技术路线给出指导,得到夹板作用下尺骨与桡骨的应力以及不同骨折类型下尺尧骨的载荷情况。魏成建[10]等人研发智能气囊压垫夹板固定桡骨远端骨折,用有限元分析纠正骨折断端的残余位移。刘琦[11]运用有限元分析法实现夹板干预下老年 FrykmanⅧ型桡骨远端骨折研究，对有关桡骨远端钢板、夹板不同工况下的腕关节骨折有限元模型的应力分布、相对位移变化及尺骨茎突骨折位移变化及方向进行分析。夏长江[12]等人通过有限元分析模拟手腕背伸、掌屈、尺偏、桡偏时的力学加载，观察尺桡骨的力学变化。

综上所述，很多学者在夹板固定力学分析方面做出研究，对桡骨远端骨折夹板固定力学研究提供参考。但是，现有研究中有些对刚性材料进行力学分析，有些对柔性材料进行力学分析，在夹板固定桡骨远端骨折前臂模型中的夹板、骨组织刚性材料，有压垫、绑带、软组织柔性材料，没有相关研究做夹板固定桡骨远端骨折前臂的刚柔耦合力学分析研究。针对夹板固定桡骨远端骨折前臂的刚柔耦合力学分析，通过桡骨远端骨折夹板绑扎模型建立、组装配合、力学分析模拟夹板绑扎行为。

【修改建议】桡骨远端骨折是指距桡骨远端关节面 3 cm 之内的骨折，是临床上常见的骨折类型，约占全身骨折的 17%[1-2]。夹板固定由于具有风险低、治疗效果明显等优点，是桡骨远端骨折常用的一种固定方法[3-5]。将生物力学分析引入桡骨远端骨折外固定绑扎过程，能够直观观察夹板固定对患臂的影响，有着不可替代的医疗价值。

针对夹板固定力学分析，国内外学者开展过很多相关研究。黄彬铖[6]对小夹板固定 C 型桡骨远端骨折进行了力学分析，得到了软组织与骨组织骨折端的力学变化并进行了讨论。李永耀等[7]研究了钢板螺钉内固定联合夹板外固定对 FrykmanⅧ型桡骨远端骨折治疗的韧带组织和骨组织力学变化。何剑颖[8]用瞬态动力学分析模拟了人摔倒时 20 ms 内在 2 m/s 的冲击载荷作用下腕关节发生的应力变化，得出了桡骨应力随冲击载荷作用时间的变化规律。屈任伸等[9]探讨了有限元分析法在桡骨远端骨折中的应用现状，模拟了实际桡骨力学和夹板固定载荷，得出骨折端不稳的压缩、拉伸、内外旋转动作下夹板载荷情况和尺桡骨的应力。魏成建等[10]研发智能气囊压垫夹板固定桡骨远端骨折，通过有限元分析纠正了骨折断端的残余位移。刘琦[11]运用有限元分析法实现了夹板干预下老年 FrykmanⅧ型桡骨远端骨折的研究，对桡骨远端钢板、夹板不同工况下的腕关节骨折模型的应力分布、相对位移变化及尺骨茎突骨折位移变化及方向进行了分析。Cha[12]通过测量和分析佩戴手腕夹板固定时手腕在不同角度下手部位置的压力，研究了每个手腕位置的压力变化，得出了手腕夹板固定过程的前臂作用载荷情况。Hua 等[13]通过有限元分析法研究了 Colles 骨折的机制和使用夹板固定的生物力学情况。结果表明：骨应力集中在桡骨远端，尺骨有助于保持骨折的稳定性，维持尺骨下倾。

综上所述，很多学者在夹板固定力学分析方面做出了贡献，为桡骨远端骨折夹板固定力学研究提供了参考。但是，现有研究中有些对刚性材料进行力学分析，有些对柔性材料进行力学分析；在夹板固定桡骨远端骨折前臂模型中有夹板、骨组织刚性材料，有压垫、绑带、软组织柔性材料，夹板固定桡骨远端骨折前臂的刚柔耦合力学分析研究尚未见报道。为此，本文通过桡骨远端骨折夹板绑扎模型建立、组装配合、力学分析模拟夹板绑扎行为，进行夹板固定桡骨远端骨折前臂的刚柔耦合力学分析。

【简析】此引言分为3个自然段，在内容上分别从背景描述、问题总结和成果提出3个方面展开，结构合理。但国内外的研究只有国内学者的研究现状，并无国外学者的。修改后的引言补充了国外学者的研究现状，使问题总结层面包含国内外学者，更有说服力。

案例2

【错例】太阳能集热器是一种将太阳辐射能转换为热能并将其传递给换热工质的装置，集热器性能直接影响能量利用的效率[1]。国内外学者对太阳辐射强度、工质流量、环境风速等因素对集热器性能的影响做了较多研究。为提高转换效率，找到接收器能量损失的部位和原因，对接收器热性能开展实验研究很有必要。

高志超、Kundu、Hussein等人[2-4]采用实验装置对集热器进行研究，分析太阳辐射强度对平板集热器瞬时效率的影响；路阳等人[5]通过测量集热器在不同流量下集热器进出口温度，计算太阳能集热器集热效率，建立关于流量的集热器效率方程式；Pourfayaz F等人[6]分析环境风速对集热器热性能的影响，结果表明环境风速对集热效率影响较小。在积尘方面，Hegazy等人[7]研究积尘对平板集热器玻璃板透光率的影响，结果表明：玻璃板透光率下降值与其倾角、积尘时间和当地气候条件密切相关；Elminir、Semaoui等人[8,9]研究积尘对玻璃样片透射率的影响，实验结果表明积尘密度增大，相应的透射率减少；El-Nashar、侯祎、李念平、刘建波等人[10-13]研究平板型集热器积尘前后热性能变化，随着表面积尘增加，集热器的热性能大幅下降，导致集热效率和集热器透射率下降。闫素英等人[14]建立镜场积尘数学模型，通过理论分析和试验测试，分析平面镜积尘遮挡机理及积尘前后相对反射比变化情况。王志敏等人[15]研究积尘对槽式太阳能系统光热性能的影响，得出聚光器镜面积尘使焦面聚光特性下降。赵明智等人[16]研究不同沙尘浓度对光伏组件透过率影响，得出随着沙尘浓度升高，透过率降低。国内外对太阳能集热器的热性能研究较多，但是针对应用于高寒地区的太阳能集热系统研究较少。本文搭建两组完全一致的平板热管式太阳能集热系统，研究不同工况下集热器的热性能。对接收器能流密度分布开展测量，得到接收器的入射功率，分析太阳辐照度和传热工质流量变化等对系统集热效率的影响。

【修改建议】太阳能集热器是一种将太阳辐射能转换为热能并将其传递给换热工质的装置，集热器性能直接影响能量利用的效率[1]。国内外学者对太阳辐射强度、工质流量、环境风速等因素对集热器性能的影响做了较多研究。为提高转换效率，找到接收器能量损失的部位和原因，对接收器热性能开展实验研究很有必要。高志超等[2-4]采用实验装置对集热器进行研究，分析了太阳辐射强度对平板集热器瞬时效率的影响；路阳等[5]通过测量集热器在不同流量下集热器进出口温度，计算了太阳能集热器集热效率，建立了关于流量的集热器效率方程式；Pourfayaz 等[6]分析了环境风速对集热器热性能的影响，结果表明，环境风速对集热效率影响较小。在积尘方面，Hegazy 等[7]研究了积尘对平板集热器玻璃板透光率的影响，结果表明，玻璃板透光率下降值与其倾角、积尘时间和当地气候条件密切相关；Elminir 等[8-9]研究了积尘对玻璃样片透射率的影响，结果表明，积尘密度增大，相应的透射率减小；刘建波等[10-13]研究了平板型集热器积尘前后热性能的变化，结果表明，随着表面积尘增加，集热器的热性能大幅下降，导致集热效率和集热器透射率下降。闫素英等[14]建立了镜场积尘数学模型，通过理论分析和试验测试，分析了平面镜积尘遮挡机理及积尘前后相对反射比变化情况。王志敏等[15]研究了积尘对槽式太阳能系统光热性能的影响，结果表明，聚光器镜面积尘可使焦面聚光性能下降。赵明智等[16]研究了不同沙尘浓度对光伏组件透过率的影响，结果表明，随着沙尘浓度的升高，透过率降低。

国内外对太阳能集热器的热性能研究较多，但是针对应用于高寒地区的太阳能集热系统研究较少。本文通过搭建两组完全一致的平板热管式太阳能集热系统，研究不同工况下集热器的热性能。

【简析】此引言分为 3 个自然段，在内容上分别从背景描述、问题总结和成果提出 3 个方面展开，结构合理。但原引言最后一段描述有误，“对接收器能流密度分布开展测量，得到接收器的入射功率……”与本文内容无关。修改后的引言与文章内容吻合。

2.2 主体

《学术论文编写规则》(GB/T 7713.2—2022)第 4.3.3 节中规定：

(1) 主体部分是论文的核心，占论文的主要篇幅，论文的论点、论据和论证均在此部分阐述或展示。

（2）主体部分应完整描述研究工作的理论、方法、假设、技术、工艺、程序、参数选择等，清晰说明使用的关键设备装置、仪器仪表、材料原料，或者涉及的研究对象等，以便于本专业领域的读者可依据这些描述重复研究过程；应详细陈述研究工作的过程、步骤及结果，提供必要的插图、表格、计算公式、数据资料等信息，并对其进行适当的说明和讨论。

（3）主体部分的结构，一般由具有逻辑关系的多章构成，如理论分析、材料与方法、结果和讨论等内容，均宜独立成章。

注：因论文主体部分往往涵盖多种错误类型，难以通过典型错误举例的方式逐一简析，此处汇集了材料与方法、结果与讨论部分的内容结构、常见问题。附录部分列举了不同学科论文的专家审稿意见，也可从多角度反映主体部分存在的问题（见附录6.3）。

科技论文“材料与方法”部分的注意事项：

材料与方法是科技论文的方案部分，需阐明研究目标、选用材料、采用方法和具体实施步骤，明确交代“做了什么”“用什么做”以及“怎么做”。材料与方法在内容结构上没有固定模式，它与研究领域、范围、主题及对象复杂程度、表述侧重、出版要求等多种要素相关，难以整理出一些常见问题。作者写作前应先了解目标期刊，参考已发表同类文章的范例，重点关注其材料与方法部分的写作规范。

科技论文“结果与讨论”部分的常见问题：

（1）未对自己的研究结果突出强调，未按其显著差异性、独特性、创新性来确定需要深入讨论的问题，导致讨论缺乏重点。

（2）未对问题按一定层次从多个角度（如实验设计、理论原理、方法创新等）进行讨论，或未与已有研究进行对比以系统、深入地阐释异同产生的原因。

（3）未围绕主题并切中要害、突出精华地分析问题，未压缩或删除对一般性知识、道理的叙述或说明，或未省略不必要的中间步骤或推导过程，进而造成空泛的议论、说理。

（4）未获得与原始结果相统一（具有一致性）的讨论的结果，由讨论的结果获得或推出与实验结果相反的结论。

（5）未引用与本研究直接相关的重要文献，忽略前人成果导致学术背景阐述不完整；刻意回避引用相似文献而夸大自身创新性。

（6）未将自身研究成果与参考文献中的关键成果结合分析，而削弱了论证的深度。

(7) 未对引言中提出的问题或假设在讨论中进行展开,而是直接使用,造成简单、低水平重复。尽管前后内容相关,但表述侧重点的差异并未体现出来。

(8) 未准确理解讨论与结果的概念及关系,重复描述结果(按需可少量重复或适当提及图表),甚至出现新数据或资料,亦未使用过渡句衔接讨论与结果。

(9) 未准确把握解释的“度”,脱离或缺少数据支持而大谈特谈结果,造成对结果过度解释甚至莫须有夸大,以吸引关注,导致适得其反。

(10) 未说明论证的理论依据、假设合理性及分析方法,可能涉及假说(假设)、前提条件、分析对象、适用理论、分析方法和计算过程等关键信息缺失。

(11) 未对实验设计、方案或执行中的不足或错误等作必要的说明。

(12) 未正确区分推测与结论,将推测当作结论,二者界限不清。

(13) 未围绕或聚焦主题进行论述,在讨论中掺杂无关内容,稀释了研究的真实性和可信度,造成读者分心、困惑。

(14) 未以专业、适度的方式处理自己与他人研究的矛盾,不当指责他人研究成果,甚至攻击别人,违背学术道德,损害个人学术形象。

2.3 结论

《学术论文编写规则》(GB/T 7713.2—2022)第 4.3.4 节中规定:

(1) 结论是对研究结果和论点的提炼与概括,不是摘要或主体部分中各章、节小结的简单重复,宜做到客观、准确、精练、完整。结论应编章编号。

(2) 如果推导不出结论,也可没有“结论”而写作“结束语”,进行必要的讨论,在讨论中提出建议或待研究解决的问题等。

结论的常见错误类型:有的论文没有结论,这很不正常;将常识性和前言的内容写进结论;将摘要写进结论或重复摘要内容;将材料、结果、分析等当作结论;写工作研究过程时,叙述做了什么;缺少根据,不合逻辑,理由不足。

案例 1

【错例】通过对桡骨远端伸直型骨折夹板绑扎外固定生物力学分析,为提高分析的真实性,将绑带绑扎过程考虑进桡骨远端骨折夹板外固定的过程中。由于刚柔耦合对于小变形和大运动的研究较为直观,将模型按分析需求和材料属性划分刚性体和柔性体,相比于多体柔性力学分析效率和精度更高。研究夹板固定桡骨远端骨折为骨科医疗的发展提供动力、为生物力学分析提供新的思路、为骨科力学分析提供分析方法。

在桡骨远端骨折夹板外固定模型分析中，分析结果主要包括：夹板固定桡骨远端骨折变形最大值为 9.1193×10^{-4} mm。夹板固定后桡骨的应力最大值为 0.1296 MPa，最大位置在桡侧桡骨骨折位置。桡骨断端端面的应力最大值为 2.2071×10^{-2} MPa，在桡侧应力最大逐渐向尺侧方向逐渐变小。前臂的应力最大值为 0.1104 MPa。桡侧外压垫的应力值最大为 0.7368 MPa，最大值在与绑带接触的位置。其余压垫在夹板内侧，最大为背测压垫应力值为 1.1604×10^{-13} MPa。桡侧外压垫在夹板与绑带之间，其余压垫在夹板与软组织之间，故外侧压垫更容易受到绑带固定载荷的影响应力值也较大，而内侧压垫因夹板传递的载荷受到软组织的分担而变小。夹板的应力最大值为 7.7836 MPa，最大值发生在桡侧夹板中段位置上。模型中桡骨断端的位移方向是由桡侧向尺侧方向发生偏移的。

【修改建议】本文对桡骨远端伸直型骨折夹板绑扎外固定进行了生物力学分析，为提高分析的真实性，将绑带绑扎考虑进桡骨远端骨折夹板外固定过程中。

在桡骨远端骨折夹板外固定模型分析中，分析结果主要包括：夹板固定桡骨远端骨折变形最大值为 9.119 3×10^{-4} mm。夹板固定后桡骨的应力最大值为 0.129 6 MPa，应变最大值为 9.892 5×10^{-6} mm/mm，最大位置在桡侧桡骨骨折位置。桡骨断端端面的应力最大值为 2.207 1×10^{-2} MPa，在桡侧应力最大，向尺侧方向逐渐变小。前臂的应力最大值为 0.110 4 MPa，应变最大值为 3.087 7×10^{-5} mm/mm。桡侧外压垫的应力值最大为 0.736 8 MPa，最大值在与绑带接触的位置。其余压垫在夹板内侧，最大为背侧压垫应力值 1.160 4×10^{-13} MPa。桡侧外压垫在夹板与绑带之间，其余压垫在夹板与软组织之间，故外侧压垫更容易受到绑带固定载荷的影响，应力值也较大；而内侧压垫因夹板传递的载荷受到软组织的分担而变小。夹板的应力最大值为 7.783 6 MPa，发生在桡侧夹板中段位置上。模型中桡骨断端的位移方向是由桡侧向尺侧方向发生偏移的。

通过夹板固定桡骨远端骨折研究发现，夹板固定载荷主要集中在桡侧腕关节处，且骨折断端受影响发生偏移，证明夹板固定能够实现桡骨远端骨折的固定。桡侧采用内外对压的固定方式能够提高固定载荷且充分利用了夹板的杠杆力，实现了载荷向桡侧集中。

【简析】原稿结论只给出结果，而缺少通过结果分析得出的结论性内容，犯了“将材料、结果、分析等当作结论”的典型错误。修改后的结论在内容上基本符合结论写作的要求。

案例 2

【错例】通过对大召寺文化产业区内典型城市共生模型分析，提取出了大召寺与城市空间相融合过程中产生的街巷空间、广场空间、院落空间三种典型空间类型，分别满足了商业、游览、集散、活动、休憩等不同功能需求。而对塞上老街、阿拉坦汗广场和大召寺主轴线建筑群三条主要游览路径的模拟分析，总结出了现阶段召庙建筑与城市共生空间中存在的主要问题并提出相应的改善建议。

召庙建筑与城市共生空间中的街巷空间一般为召庙周边民居建筑的保留部分，在召庙与城市空间融合过程中多形成商业街，包括古玩街、小吃街等形态，主要承担商业、交通、休憩功能。在对塞上老街的分析中发现，原有街道形态多用于交通，未考虑其他功能形态，缺乏景观节点等设计，街道印象点不清晰。在优化过程中，可对街道空间进行进一步细化设计，增加节点装置与休憩空间等。广场空间主要承担游客集散、车辆停放、短暂休憩等功能，是人们进入召庙建筑空间的前奏，兼具活动举办的场所。但过于开阔的广场空间使得人们缺乏停留点，空间引导性较弱。在优化过程中可以对广场大尺度空间进行进一步分化，利用景观营造停留空间，增强空间趣味性。院落空间主要存在于召庙建筑与周边原有民居建筑中，具有鲜明的记忆特点。以大召寺主轴线院落为例，整体空间引导性与吸引力较强。周边民居建筑中存在的院落多改造为商业部分，可以增加业态类型，提升整体文化产业区活力。

对召庙与城市共生空间的量化分析，有利于促进召庙建筑与城市空间割裂等问题的缓解，有利于召庙建筑与城市空间更深层次的融合发展，同时对内蒙古呼和浩特地区的城市更新提供有效的数据分析与方法支撑。

【修改建议】通过对大召寺文化产业区内典型城市共生模型分析，提取出了大召寺与城市空间相融合过程中产生的街巷空间、广场空间、院落空间三种典型空间类型，分别满足了商业、游览、集散、活动、休憩等不同功能需求。而对塞上老街、阿拉坦汗广场和大召寺主轴线建筑群三条主要游览路径的模拟分析，总结出了现阶段召庙建筑与城市共生空间中存在的主要问题并提出相应的改善建议。

结论

召庙建筑与城市共生空间中的街巷空间一般为召庙周边民居建筑的保留部分，在召庙与城市空间融合过程中多形成商业街，包括古玩街、小吃街等形态，主要承担商业、交通、休憩功能。在对塞上老街的模拟分析中发现，街道空间视域面积与参差度变化相关性较低，街道印象点不清晰。原有街道形态多用于交通，未考虑其他功能形态，缺乏景观节点等设计；广场空间主要承担游客集散、车辆停放、短暂休憩等功能，是人们进入召庙建筑空间的前奏，兼具活动举办的场所。在对阿拉坦汗广场的模拟分析中发现空间视域边界简单，对人群吸引性较弱，且过于开阔的广场空间使得人们缺乏停留点，空间引导性较弱；院落空间主要存在于召庙建筑与周边原有民居建筑中，模拟分析曲线显示召庙建筑中的院落空间具有鲜明的记忆特点。其最大径向线呈现先减小后增加的倒“U”形，人们从中轴线走过感受到的空间引导性较强。周边民居建筑中存在的院落多改造为商业部分，可以增加业态类型，提升整体文化产业区活力。

优化建议

大召寺文化产业区内三条主要游览路径对应三种典型空间，通过视域分析曲线量化三种空间的视域感受，并提出精准优化建议。

对于塞上老街中街道印象点不清晰的问题，根据视域分析的曲线确定设置节点的具体位置，在游览路径中的 C 点与 D 点出现视域面积与遮挡边缘比率波峰，可在此进行进一步细化设计，增加节点装置与休憩空间等；在游览路径中的 E 点与 F 点中间存在参差度波峰，可在此增设景观节点。阿拉坦汗广场游览路径中存在空间引导性弱、缺乏停留点等问题，根据视域分析曲线，在路径 BC 段出现视域面积波谷，其为阿拉坦汗雕像处。在优化过程中可以结合现有雕像，对广场大尺度空间进行进一步分化，利用景观营造停留空间，增强空间趣味性。大召寺主轴线整体空间感受较好，其中路径 AB 段边缘遮挡率较低，可通过增设景墙等方式提高遮挡边缘比率，增强人们的探索欲。

结语

召庙与城市共生空间的量化分析，有利于解决召庙建筑与城市空间割裂等问题，有助于城市空间改造，同时对内蒙古呼和浩特地区的城市更新中体现人本思想提供有效的数据分析与方法支撑。

【简析】原结论不明确，给人的感觉是即便没有做这样的研究也同样能得出这样的结论。如果推导不出结论，也可进行必要的讨论，在讨论中提出建议或待研究解决的问题等。修改后的结论分为“结论”“优化建议”“结语”三个层面，对研究结果和论点进行提炼与概括，基本符合结论写作的要求。

案例 3

【错例】为提高抗乳腺癌药物的 ADMET 性质预测的准确率，降低药物开发成本，提供优化 ADMET 性质的预测服务，本文构建了基于随机森林的逻辑回归算法模型(RF-LR 模型)。该方法融合了随机森林以及逻辑回归模型的优点，具有防止过拟合以及实现较为简单的特点，数据实验结果表明该方法在测试集上的准确率达到了 83%以上，ADMET 五个性质的模型准确率分别为 91.9%、

96.1%、86.5%、83.1%、92.2%，与相关文献[10,11,12]相比，预测准确率得到进一步提高，F1 指标显示该模型具有良好的性能，为抗乳腺癌药物 ADMET 性质预测提供了新方案。

【修改建议】为提高抗乳腺癌药物的 ADMET 性质预测准确率，降低药物开发成本，并提供优化 ADMET 性质的预测服务，本文构建了基于随机森林的逻辑回归算法模型(RF-LR 模型)。通过对分子描述符数据的处理，使用随机森林筛选对 ADMET 性质有重要影响的分子描述符，建立逻辑回归模型进行预测。对比分析表明，该方法为最优模型，融合了随机森林与逻辑回归模型的优点，具有防止过拟合及实现较为简单的特性。数据实验结果表明，该方法在测试集上的准确率达到 85%以上，ADMET 五个性质的模型准确率分别为 92.4%、97.5%、89.9%、87.3%、94.9%，与文献[10-12]相比，预测准确率得到进一步提高，F1 指标显示该模型性能良好，为抗乳腺癌药物 ADMET 性质预测提供了新方案。

【简析】原结论表达不是特别清楚，对原文研究结果和论点的提炼与概括不够明确。修改后的结论内容和结构包含研究背景、成果提出、优势描述、实验(仿真)验证、价值意义等，基本符合结论的写作要求。

案例 4

【错例】

(1) 运用 Eshelby 等效夹杂理论得到高温冻土等效变形模量，可以看出冰含量与等效变形模量呈正相关，而与模量比呈负相关。

(2) 通过引入模量比得到的修正 M 模型可以反映组构变化引起的冻土累积塑性变形，从而可以预测高温冻土地基的累积塑性变形。

(3) 修正 M 模型对试验数据具有较好的拟合度。对不同粘粒含量的高温冻土，可考虑采用此模型对其累积塑性应变进行预测。修正模型一方面反映了冰含量对高温冻土累计塑性应变的影响规律，另一方面，模量比的引入降低了数据的离散性，使其与实际试验数据点更加接近。

(4) 修正模型只考虑了冰夹杂相对高温冻土累积塑性应变的影响，然而在实际工况中，饱和高温冻土中存在一部分未冻水，其对土体的变形也会产生影响，因此在后续研究中可以考虑未冻水与冰共同耦合作用下对高温冻土累积塑性应变的影响并在模型中予以体现。

【修改建议】

(1) 运用 Eshelby 等效夹杂理论得到高温冻土等效变形模量，可以看出冰含量与等效变形模量呈正相关关系，而与模量比呈负相关关系。

(2) 在温度降低、黏粒含量增大的同时，土样累积塑性应变在逐渐减小，累积塑性应变曲线从破坏型向稳定型过渡。

(3) 通过引入模量比得到的修正 M 模型可以反映组构变化引起的冻土累积塑性变形，从而可以预测高温冻土地基的累积塑性变形。

(4) 修正 M 模型对试验数据具有较好的拟合度。对不同黏粒含量的高温冻土，可考虑采用此模型对其累积塑性应变进行预测。修正 M 模型一方面反映了冰含量对高温冻土累计塑性应变的影响规律，另一方面模量比的引入降低了数据的离散性，使其与实际试验数据点更加接近。

(5) 修正 M 模型只考虑了冰夹杂相对高温冻土累积塑性应变的影响，然而在实际工况中，饱和高温冻土中存在一部分未冻水，其对土体的变形也会产生影响，因此在后续研究中可以考虑未冻水与冰的共同耦合作用对高温冻土累积塑性应变的影响并在模型中予以体现。

【简析】原结论要点不够清晰明确，经重新整理，增加条目，修改后的结论内容和结构包含研究背景、成果提出、优势描述、实验(仿真)验证、价值意义等，基本符合结论的写作要求。

案例 5

【错例】在绿色可持续理念不断发展的当下，工业建筑设计理念也应践行绿色建筑理念。本文以节约用地理念为切入点，探讨工业建筑在总图设计的过程中，合理布局、优化设计，减少厂区内部剩余空间与消极空间，同时引入集约耦合设计策略，以使用者的感受为出发点，尽可能减少能源消耗，为人们提供健康适用的建筑空间，并且建筑与环境应是和谐共生相辅相成的关系。只有不断根据当代时代特征及需求设计建筑，才能使建筑具有长久的生命力且符合时代特征。作为设计师的我们，更要发挥专业的特长，为节能环保做出应有的贡献。

【修改建议】论文以绿色节地理念为切入点，探讨无特殊工艺要求的一般性工业建筑在总图设计中的合理布局、优化设计，并引入耦合设计策略。首先，在场地规划中建立统一模数关系，使厂区建筑、道路、景观有机结合，根据未来厂区发展灵活调整，已建厂房可以通过形体耦合和联合厂房设计提高土地利用率；其次，注重厂房内部夹层空间与地下空间的合理利用，使各功能区集约耦合，成倍地扩大使用面积；最后，厂房外部空间设计也不容忽视，应优化立体环境及设计立体交通系统，减少厂区内部剩余空间与消极空间，以使用者的感受为出发点，为人们提供健康舒适的建筑空间。

【简析】原结论部分的内容太虚泛，没有实操性的总结。经修改，按照文章内容进行梳理，提炼研究的优势描述、价值意义等。

2.4 参考文献

《学术论文编写规则》(GB/T 7713.2—2022)第4.3.6节中规定：

(1) 论文中应引用与研究主题密切相关的参考文献。

(2) 参考文献的著录项目、著录符号、著录格式以及参考文献在正文中的标注法，应符合 GB/T 7714 的规定。

(3) 参考文献表既可采用顺序编码制，也可采用著者-出版年制，但全文应统一。采用顺序编码制组织的参考文献表应置于文末，也可用脚注方式将参考文献置于当页地脚处。

(4) 列于文末的参考文献表可以编章编号。

科技论文参考文献的常见错误类型：不当自引；伪引；漏引；错引等。

案例 1

【错例】Barattc[12]采用沉积法制备了 ZnO 纳米薄膜并研究了其对甲烷气体的气敏特性，结果表明 350 ℃为最佳工作温度。

【修改建议】Baratto[12]采用沉积法制备了 ZnO 纳米薄膜并研究了其对甲烷气体的气敏特性，结果表明 350 ℃为最佳工作温度。

【简析】引用文献人名与参考文献人名不一致。“Barattc”中的字母“c”应改为“o”，即“Baratto”。

案例 2

【错例】盛文彦，李忠兴，黄星，江红. 科技论文写作中的常见错误分析[J]. 江苏大学学报：自然科学版，2015，24(5)：141-142＋147.

【修改建议】盛文彦，李忠兴，黄星，等. 科技论文写作中的常见错误分析[J]. 江苏大学学报(自然科学版)，2015，24(5)：141-142；147.

【简析】著作方式相同的责任者不超过 3 个时，全部照录。超过 3 个时，著录前 3 个责任者，其后加“，等”；“江苏大学学报：自然科学版”应改成“江苏大学学报(自然科学版)”；参考文献使用规定的标识符号为“.”“：”“；”“//”“()”“[]”“/”“—”，其中没有“＋”，所以建议将“141-142＋147”改为“141-142；147”。

案例 3

【错例】SHAHBAHRAMI V, AZIMI M, ALIKHANI A. Attitude and vibration control of a flexible spacecraft using hybrid adaptive super-twisting non-singular terminal sliding mode control[J/OL]. Journal of Space Science and Technology. (2022-03-06)[访问日期缺失]. https://jsst. ias. ir/article_145937. html? lang=en. DOI:10. 30699/jsst. 2021. 300935. 1365.

【修改建议】SHAHBAHRAMI V,AZIMI M,ALIKHANI A. Attitude and vibration control of a flexible spacecraft using hybrid adaptive super-twisting non-singular terminal sliding mode control[J/OL]. Journal of Space Science and Technology. (2022-03-06)[2023-01-29]. https://jsst. ias. ir/article_145937. html? lang=en. DOI:10. 30699/jsst. 2021. 300935. 1365.

【简析】该文献属于参考文献类型中的电子资源,根据《信息与文献 参考文献著录规则》(GB/T 7714—2015)的要求,电子资源著录项目应包含主要责任者,题名项,其他题名信息,文献类型标识,出版项,出版地,出版者,出版年,引文页码,更新或修改日期,引用日期,获取和访问路径,数字对象唯一标识符。本例中,著录项目缺"引用日期",应补齐。

案例 4

【错例】李征. 钢纤维橡胶混凝土力学性能和抗渗性能研究[D]. 华北水利水电大学,2020.

【修改建议】李征. 钢纤维橡胶混凝土力学性能和抗渗性能研究[D]. 郑州:华北水利水电大学,2020.

【简析】学位论文参考文献的著录格式是:主要责任者. 学位论文名[学位论文标识/学位论文载体标识]. 保存地点:保存单位,年份:引文页码[引用日期]. 获取和访问路径. DOL。本例中缺失保存地点"郑州",应按照学位论文参考文献的著录格式补充完整。

案例 5

【错例】在 660～800 nm 处发现的八面体配位的 Cu,同时存在一些骨架外的 Cu 物种[12, 13]。

【修改建议】在 660～800 nm 处发现的八面体配位的 Cu,同时存在一些骨架外的 Cu 物种[12-13]。

【简析】同一处引用多篇文献时，应将各篇文献的序号在括号内全部列出，各序号间用“，”。如果遇到连续序号，序号间用短横线连接。

案例 6

【错例】该模型将任意形状的储箱等效为球形储箱，液体等效为一个质量不变但半径可变的均匀球体，可以在储箱内任意运动且始终与储箱有一个瞬时接触点，并在 Sloshsat FLEVO(Sloshsat facility for liquid experimentation and verification on-orbit)[1][12]卫星上验证了其可靠性。

【修改建议】该模型将任意形状的储箱等效为球形储箱，液体等效为一个质量不变但半径可变的均匀球体，可以在储箱内任意运动且始终与储箱有一个瞬时接触点，并在 Sloshsat FLEVO(Sloshsat facility for liquid experimentation and verification on-orbit)[1,12]卫星上验证了其可靠性。

【简析】根据《信息与文献 参考文献著录规则》(GB/T 7714—2015)的规定，同一处引用多篇文献时，应将各篇文献的序号在括号内全部列出，各序号间用“，”。本例中“[1][12]”应改为“[1,12]”。

案例 7

【错例】图谱显示作者王兰的影响环相对较大，连线初现网络特征，并与公共卫生学科(赵晓箐)建立合作，团队研究成果包括国内外健康城市的发展现状及理论基础、慢性疾病预防下的规划实证研究[9]。孙佩锦、陆伟团队研究健康城市的城市设计和政策实施与居民行为的关系[10-11]。冷红团队的研究在地性较强，通过分析气候对空间环境、人群活动的健康性影响，提出公共空间优化策略[12]。

【修改建议】图谱显示作者王兰的影响环相对较大，连线初现网络特征，并与公共卫生学科(赵晓箐)建立合作，团队研究成果包括国内外健康城市的发展现状及理论基础、慢性疾病预防下的规划实证研究[9]。孙佩锦、陆伟团队研究健康城市的城市设计和政策实施与居民行为的关系[10-11]。冷红团队的研究在地性较强，通过分析气候对空间环境、人群活动的健康性影响，提出公共空间优化策略[12]。

【简析】根据《信息与文献 参考文献著录规则》(GB/T 7714—2015)的规定，被引用的文献需要上标标注。

案例 8

【错例】黄华[9]等在此研究的基础上，将其拓展到三维空间，使质心点可在质心约束面内任意运动。

【修改建议】黄华等[9]在此研究的基础上，将其拓展到三维空间，使质心点可在质心约束面内任意运动。

【简析】参考文献标注位置错误，引用多人文献时，多个人名用“等”代替，序号应该在“等”之后，上标。

案例 9

【错例】赵志雄，贾元琴，王金荣等. 内蒙古小黑山地区二长花岗岩和石英闪长岩的锆石 U-Pb 年代学、元素地球化学及其地质意义[J]. 地球科学，2018，43(S2)：49-59.

【修改建议】赵志雄，贾元琴，王金荣，等. 内蒙古小黑山地区二长花岗岩和石英闪长岩的锆石 U-Pb 年代学、元素地球化学及其地质意义[J]. 地球科学，2018，43(S2)：49-59.

【简析】根据《信息与文献 参考文献著录规则》(GB/T 7714—2015)的规定，著作方式相同的责任者不超过 3 个时，全部照录。超过 3 个时，著录前 3 个责任者，其后加“，等”。

案例 10

【错例】回顾文献[7-12]，这些研究大多使用较为经典的机器学习方法，且研究 ADMET 性质以及新化合物预测并不全面，所以对于抗乳腺癌药物 ADMET 性质的预测模型还可以在模型准确度和模型鲁棒性两个方面继续优化。

【修改建议】回顾文献[7-12]，这些研究大多使用较为经典的机器学习方法，且研究 ADMET 性质以及新化合物预测并不全面，所以对于抗乳腺癌药物 ADMET 性质的预测模型还可以在模型准确度和模型鲁棒性两个方面继续优化。

【简析】文献采用叙述的方式在文中充当句子成分，此时不采用上标形式。

案例 11

【错例】Haiyue Yu，Zhiwu Han，Junqiu Zhang，et al. Bionic design of tools in cutting：Reducing adhesion，abrasion or friction[J]. Wear，2021，25(5)：482-483.

【修改建议】YU H Y，HAN Z W，ZHANG J Q，et al. Bionic design of tools in cutting：reducing adhesion，abrasion or friction[J]. Wear，2021，25(5)：

482-483.

【简析】根据《信息与文献 参考文献著录规则》(GB/T 7714—2015)6.3节规定,“个人著者,其姓全部著录,字母全大写,名可缩写为首字母;如首字母无法识别该人名时,则用全名”,所以“Haiyue Yu,Zhiwu Han,Junqiu Zhang”改成“YU H Y,HAN Z W,ZHANG J Q”。

案例12

【错例】TUGRUL TUNC E, ALYAMAC K E. Determination of the relationship between the Los Angeles abrasion values of aggregates and concrete strength using the Response Surface Methodology[J]. Construction and Building Materials,2020,260.

【修改建议】TUGRUL TUNC E,ALYAMAC K E. Determination of the relationship between the Los Angeles abrasion values of aggregates and concrete strength using the Response Surface Methodology[J]. Construction and Building Materials,2020,260:119850.

【简析】连续出版物著录格式是:主要责任者.题名:其他题名信息[文献类型标识/文献载体标识].年,卷(期)-年,卷(期).出版地:出版者,出版年[引用日期].获取和访问路径.数字对象唯一标识符.本例中缺失卷的信息:119850,应按照连续出版物参考文献的著录格式补充完整。

案例13

【错例】MA J, SHEN Z J, WANG S L, et al. Source apportionment of heavy metals in soils around a coal gangue heap with the APCS-MLR and PMF receptor models in Chongqing, southwest China[J]. Journal of Mountain Science,2023,20(4).

【修改建议】MA J,SHEN Z J,WANG S L,et al. Source apportionment of heavy metals in soils around a coal gangue heap with the APCS-MLR and PMF receptor models in Chongqing, southwest China[J]. Journal of Mountain Science, 2023,20(4):1061-1073.

【简析】连续出版物著录格式是:主要责任者.题名:其他题名信息[文献类型标识/文献载体标识].年,卷(期)-年,卷(期).出版地:出版者,出版年[引用日期].获取和访问路径.数字对象唯一标识符.本例中缺失引用页码的信息:1061-1073,应按照连续出版物参考文献的著录格式补充完整。

案例 14

【错例】DOLATABADI M,EHRAMPOUSH M H,POURNAMDARI M, et al. Catalytic electrodes' characterization study serving polluted water treatment:environmental healthcare and ecological risk assessment[J]. Journal of Environmental Science and Health. Part. B,2023,58(9):594-602.

【修改建议】DOLATABADI M,EHRAMPOUSH M H,POURNAMDARI M,et al. Catalytic electrodes' characterization study serving polluted water treatment:environmental healthcare and ecological risk assessment[J]. Journal of Environmental Science and Health. Part B,Pesticides,Food Contaminants, and Agricultural Wastes,2023,58(9):594-602.

【简析】本例中期刊名称不完整,缺失分卷名称,应按期刊规范名称补充。

案例 15

【错例】艾佳. 重金属检测技术在水环境中的应用及研究[J]. 环境与发展, 2024,6(1).

【修改建议】删除该文献或替换其他文献:罗笑,白石,孙思. 水环境重金属分析检测技术研究[J]. 世界有色金属,2024,39(4):232-234.

【简析】参考文献校对过程中,在《环境与发展》期刊中并没有这篇论文,与作者核对后修改了参考文献。作者在引用参考文献的时候应准确录入相关信息,避免引用错误,保持科学严谨态度。

3 编排格式

《学术论文编写规则》(GB/T 7713.2—2022)第5.1节中规定：

(1) 论文应遵守《中华人民共和国国家通用语言文字法》，采用国务院发布的《通用规范汉字表》的规范汉字编写，遣词造句应符合汉语语法，标点符号使用应符合GB/T 15834的规定，文字表达做到题文相符、结构严谨、符合逻辑、用词准确、语言通顺。

(2) 论文涉及的编号、量和单位、插图、表格、数字、数学式、注释、科学技术名词等的表达，均应符合规范性引用文件的规定。

(3) 印刷版论文宜用A4幅面纸张。用纸、用墨、版面设计等应便于论文的印刷、装订、阅读、复制和缩微。

(4) 电子版论文应采用通用文件格式，并可提供音频、视频、数据集等数字化资料。论文中各部分文字的字号和字体没有具体的规定，可参考各期刊编辑部要求。

3.1 编号

《学术论文编写规则》(GB/T 7713.2—2022)第5.2.1节中规定：

(1) 为使论文条理清晰，易于辨认和引用，章、节、条、款、项、段以及插图、表格、数学式等的编号方法符合CY/T 35的规定。

(2) 论文如有需要，也可采用传统的编号方法。

《学术论文编写规则》(GB/T 7713.2—2022)第5.2.2节至第5.2.5节中规定：

章节编号

(1) 正文部分应根据需要划分章节，一般不宜超过4级。章应有标题，节宜有标题，但在某一章或节中，同一层次的节，有无标题应统一。章节标题一般不宜超过15字。

(2) 章节的编号宜采用阿拉伯数字。不同层次章节数字之间用下圆点相隔，末位数字后不加点号，如：引言编号“0”；章编号“1”“2”……；节编号“2.1”“2.2”……，“3.2.1”“3.2.2”……。如果引言部分不用“引言”二字，则不编章编号“0”。各层次章节编号全部顶格排，其后空1个汉字的间隙接排标题，标题末尾不加标点，正文另起行。

(3) 章节的编号如选择传统方法，可混合使用汉字数字和阿拉伯数字。

列项说明编号

(1) 列项说明指论文的某些内容需要分条或分款来说明的一类表述形式。

(2) 列项说明时，宜在各项前添加采用阿拉伯数字或小写拉丁字母的编号，如：“1)”“2)”，“(1)”“(2)”，“a)”“b)”，“(a)”“(b)”。如果论文中已经把形式为“(1)”“(2)”的编号作为数学式的序号，则不宜将其用于列项说明。列项说明的各项前，也可采用符号，如“——”“·”等。

插图、表格、数学式编号

(1) 插图、表格、数学式等一律用阿拉伯数字分别依序连续编号。

(2) 一般按出现先后顺序全文统一编号，如“图1”“图2”、“表1”“表2”、“式(1)”“式(2)”等。

(3) 只有1幅插图、1个表格时，应编为“图1”“表1”。

附录编号

论文如有附录，采用大写拉丁字母依序连续编号，如附录A、附录B等。

案例1

【错例】付某某[1,3]，李某某[1,3]，武某某[2]，宋某某[1,3]，智某某[1,3]

(1. 内蒙古工业大学 化工学院，呼和浩特 010051；2. 内蒙古化工职业学院，呼和浩特 010070；3. 内蒙古工业大学 内蒙古自治区低阶碳质资源高值功能化利用重点实验室，呼和浩特 010051)

【修改建议】

付某某[1,2]，李某某[1,2]，武某某[3]，宋某某[1,2]，智某某[1,2]

(1. 内蒙古工业大学 化工学院，呼和浩特 010051；2. 内蒙古工业大学 内蒙古自治区低阶碳质资源高值功能化利用重点实验室，呼和浩特 010051；3. 内蒙古化工职业学院，呼和浩特 010070)

【简析】作者单位应顺序标注，如第一位作者分属于两个单位，标注“付某某[1,2]”，其他作者单位顺序以此类推。

案例 2

【错例】

$$T_e = 1.5 n_p L_m (i_{qs} i_{dr} - i_{ds} i_{qr}) \tag{1}$$

……

（1）充分利用扰动观测器提前预估并主动补偿能力以及模型逆前馈补偿提升动态响应特点，建立了改进型 DVR 双闭环控制模型。

【修改建议】原文公式下面的“（1）”修改为“1）”

【简析】本例中已将“（1）”的编号作为数学式的序号，则在结论中不宜将其用于列项说明，所以列项说明的序号应修改为“1）”。

3.2 量和单位

科技论文通常涉及量和单位，量和单位的表达是科技论文写作的重要方面。《量和单位》（GB/T 3100～3102—1993）国家标准一共有 15 项，适用于各个科学技术领域，是我国各行各业必须贯彻执行的强制性、基础性标准，也是国家法定计量单位的具体应用形式。

《学术论文编写规则》（GB/T 7713.2—2022）第 5.3 节中规定：

（1）论文中使用量和单位的名称、符号、书写规则都应符合 GB 3100、GB/T 3101、GB/T 3102（所有部分）的规定。

（2）应采用标准化的量名称，不应使用已废弃的量名称（如“电流强度”“定压质量热容”“体积百分浓度”应分别为“电流”“质量定压热容”“体积分数”）和用“单位＋数”构成的量名称（如“克数”“天数”“摩尔数”应分别为“质量”“时间”“物质的量”）。

（3）应采用标准化的量符号。量符号通常为单个拉丁字母或希腊字母，描述传递现象的特征数由 2 个字母组成，并一律用斜体（pH 除外）。为区别不同的使用情况，可按有关规定在量符号上附加下标或其他的说明性标记，并注意区分量的下标字母的正斜体、大小写。

（4）应使用法定计量单位，不使用已废弃的非法定计量单位。个别科技领域如有特殊需要，且相关学科国际组织的规范中也允许使用，则可使用某些非法定计量单位，如可用 bar（巴）、var（乏）、Å（埃）、Ci（居里）、mmHg（毫米汞柱）等。

(5) 在插图、表格、数学式和文字叙述中，表达量值时，一律使用单位的国际符号，且无例外地用正体字母。单位符号与其前面的数值之间应留适当空隙，如 20 ℃、1.84 g/mL 不应写作 20℃、1.84g/mL 。不准许对单位符号进行修饰，如添加上下标，或在组合单位符号中插入化学元素符号等说明性记号。

(6) 不应把单位英文名称的缩写(如 rpm 、kmph 、bps 等)和表示数量份额的缩写(如 ppm、pphm、ppb、ppt 等) 作为单位符号使用。对 ppm 等缩写时，宜采用 10 的乘方形式替代。

(7) 宜使用国际单位制(SI) 词头构成十进倍数或分数单位，并应符合相关规则：

① 词头不准许独立使用，如 μm 不应写作 μ；

② 词头不准许重叠使用，如 GHz 不应写作 kMHz；

③ 平面角单位°、′、″和时间单位 d、h、min 等不准许用 SI 词头构成倍数或分数单位；摄氏温度单位℃前允许加词头，如 k℃；

④ 词头符号与所紧接的非组合单位的符号应作为一个整体对待，并具有相同的幂次，如：

$$1\ \mu s^{-1}=(10^{-6}\ s)^{-1}=10^{6}\ s^{-1}。$$

(8) 正确书写二进制倍数词头。依据 ISO 80000-1，8 个二进制倍数词头符号应分别为：Ki(2^{10})， Mi(2^{20})，Gi(2^{30})，Ti(2^{40})，Pi(2^{50})，Ei(2^{60})，Zi(2^{70})，Yi(2^{80})。

(9) 量和单位的使用还应注意以下问题：

① 量值相乘表示面积、体积等时，每个量的单位应重复写出，如 40 m×60 m 不应写作 40×60 m 或 40×60 m^2；

② 单位相同的量值范围，前一个量的单位宜省略，如 1.5～3.6 mA 不必写作 1.5 mA～3.6 mA，但 20%～30%等例外，前一个量的单位不应省略；

③ 单位相同的一组量值中，可只保留最末一个量值的单位，如 15、20、25 ℃；

④ “%”“‰”是 1 的分数单位符号，“%”可用来替代 0.01 或 10^{-2}，“‰”可用来替代 0.001 或 10^{-3}。

案例 1

【错例】

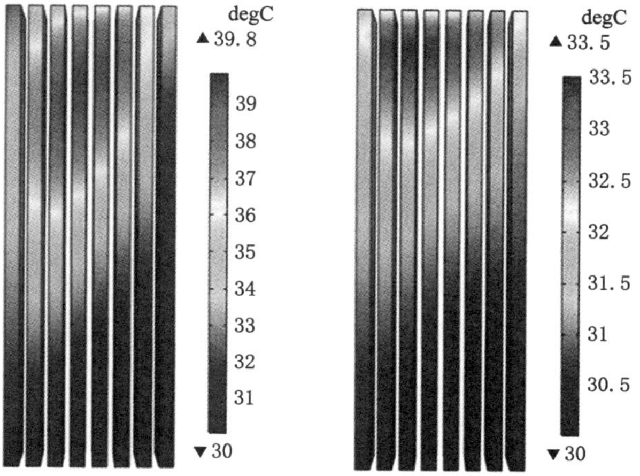

图 3 初始和优化后电池组温度

Fig. 3 Initial and Optimized battery pack temperature

【修改建议】原图中的“degC”改为“℃”。

【简析】根据《热学的量和单位》(GB 3102.4—1993)，摄氏度的符号应该使用“℃”，而不能将摄氏温度的英文名称 degree Celsius 简写为 deg C 作为摄氏度的单位使用。量名称不能作为量符号使用。

案例 2

【错例】

用乙醇∶叔丁醇＝1∶1 的混合溶液置换 1 次。

【修改建议】

$V(C_2H_6O)$∶$V(C_4H_{10}O_2)$＝1∶1 混合溶液置换 1 次。

【简析】科学、严谨表达量符号，不宜直接将化学名称、元素符号(包括原子或分子式)作为量符号使用。本例中将乙醇和叔丁醇的化学名称作为量符号使用，用法不规范，文中指体积比，应改为 $V(C_2H_6O)$∶$V(C_4H_{10}O_2)$＝1∶1。

案例 3

【错例】

$$p_m=\begin{cases}\dfrac{K_2(f_{max}-f)}{f_{max}-f_{avg}} & f'\geqslant f_{avg}\\ K_4 & f'\leqslant f_{avg}\end{cases}$$

【修改建议】

$$p_m=\begin{cases}\dfrac{K_2(f_{\mathrm{max}}-f)}{f_{\mathrm{max}}-f_{\mathrm{avg}}} & f'\geqslant f_{\mathrm{avg}}\\ K_4 & f'\leqslant f_{\mathrm{avg}}\end{cases}$$

【简析】量符号一般用斜体字符表示，但表示“酸碱度”的符号 pH 和表示材料硬度的符号 HRC 等可以“当作”量的符号使用，并用正体字符表示。量符号有下标时，下标的正斜体要根据具体情况而定，在本例中下标 max 和 avg 是最大值和平均值的缩写，不是量符号，要用正体。

案例 4

【错例】

引入超参数 λ 将初始邻接矩阵 A_0 生成混合邻接矩阵 A。

【修改建议】

引入超参数 λ 将初始邻接矩阵 $\boldsymbol{A}_0$ 生成混合邻接矩阵 $\boldsymbol{A}$。

【简析】对矩阵、矢量和张量应采用黑(加粗)体、斜体字母作为量符号。本例中将矩阵表示成 A_0 和 A，使用不规范，应改成黑(加粗)体的 $\boldsymbol{A}_0$ 和 $\boldsymbol{A}$。

案例 5

【错例】

原位漫反射红外傅立叶变换光谱……

【修改建议】

原位漫反射红外傅里叶变换光谱……

【简析】书写正确的名称，避免名称中写进与标准名称有出入的字。本例中”傅里叶“写成”傅立叶“，这是错误的，应改为正确的名称“傅里叶”。

案例 6

【错例】

$f = e^{-p_1 g} + k_1 e^{p_1 g} + k_2 \cos(p_2 h) + a_9$，

$g = a_1 x + a_2 y + a_3 t + a_4$，

$h = a_5 x + a_6 y + a_7 t + a_8$，

式中 $a_i(\mathrm{i} = 1,2,...,9)$，$p_i(\mathrm{i} = 1,2)$ 和 $k_i(\mathrm{i} = 1,2)$ 是任意实数。

【修改建议】将括号中的“i”改为斜体“i”。

【简析】《物理科学和技术中使用的数学符号》(GB/T 3102.11—1993)规定，变量、变动附标及函数应使用斜体，本例中 i 是下标量符号，表示变动性数字的字母，应使用斜体。

案例 7

【错例】

$$R(T_n^k) = \exp\left[-\int_0^{T_n^k} \prod_{i=1}^{n} b_{i-1}^k \left(\frac{\beta^k}{\alpha^k}\right) \left[\frac{\sum_{i=1}^{n} \mu_{i-1}^k T_{i-1}^k + t}{\alpha^k}\right]^{\beta^k - 1} dt\right] \quad (3)$$

α^k、β^k：部件 k weibull 分布的尺寸和形状参数。

【修改建议】式中“dt”应改为“$\mathrm{d}t$”，其中“d”为正体。

【简析】《物理科学和技术中使用的数学符号》(GB/T 3102.11—1993)规定，有定义的已知函数、其值不变的数学常数、已定义的算子用正体字母表示，公式中的“d”为微分运算符号，应为正体。

案例 8

【错例】从图中可以看出，合成的样品在 2θ 为 7.3°、10.6°、12.8°、14.8°、16.6°、18.1°处出现了特征峰。

【修改建议】从图中可以看出，合成的样品在 2θ 为 7.3°、10.6°、12.8°、14.8°、16.6°、18.1°处出现了特征峰。

【简析】《物理科学和技术中使用的数学符号》(GB/T 3102.11—1993)中规定，变量、变动附标及函数应使用斜体。本例中 θ 为球坐标变量，应使用斜体。

案例 9

【错例】三种结构均有较高的杨氏模量，且杨氏模量随 X=S 到 X=Te 依次降低，这可以通过 B—X 的键长变化得以解释。

【修改建议】三种结构均有较高的弹性模量，且弹性模量随 X=S 到 X=Te 依次降低，这可以通过 B—X 的键长变化得以解释。

【简析】量名称应优先使用国家标准推荐名称。本例中“杨氏模量”非首选术语，按国家标准应使用“弹性模量”。

案例 10

【错例】在红外光谱图上 450 cm^{-1}～490 cm^{-1}出现的峰……

【修改建议】在红外光谱图上 450～490 cm^{-1}出现的峰……

【简析】《学术论文编写规则》(GB/T 7713.2—2022)规定，“单位相同的量值范围，前一个量的单位宜省略”。本例中“450 cm^{-1}～490 cm^{-1}”应改为“450～490 cm^{-1}”。

案例 11

【错例】在其他实验条件不变的情况下，对催化剂不同的用量(1 mg、5 mg、10 mg、20 mg)进行考察。

【修改建议】在其他实验条件不变的情况下，对催化剂不同的用量(1、5、10、20 mg)进行考察。

【简析】《学术论文编写规则》(GB/T 7713.2—2022)规定，“单位相同的一组量值中，可只保留最末一个量值的单位。本例中“1 mg、5 mg、10 mg、20 mg”建议改为“1、5、10、20 mg”。

案例 12

【错例】在 60 分钟的反应时间内，Ag-C3N4 的 BA 降解效率达到 99.2%。

【修改建议】在 60 min 的反应时间内，Ag-C3N4 的 BA 降解效率达到 99.2%。

【简析】《物理科学和技术中使用的数学符号》(GB/T 3102.11—1993)规定，时间的单位为日(d)、小时(h)、分钟(min)、秒(s)等，在科技论文中，应使用单位符号 min，而不是单位名称。

案例 13

【错例】本文利用逆向建模方法建立含预制裂纹缺陷的航空发动机叶片三维模型，叶片的材质为 TC-11，裂纹尺寸为 5×1×4.5*mm*，如图 5(a)所示。

【修改建议】本文利用逆向建模方法建立含预制裂纹缺陷的航空发动机叶片三维模型，叶片的材质为 TC-11，裂纹尺寸为 5 mm×1 mm×4.5 mm，如图 5(a)所示。

【简析】《学术论文编写规则》(GB/T 7713.2—2022)规定，“量值相乘表示面积、体积等时，每个量的单位应重复写出”。本例中“5×1×4.5*mm*”应改为“5 mm×1 mm×4.5 mm”，计量单位 mm 应用正体。

案例 14

【错例】Xiang 等[13]通过溶剂法制备出 ZnO 纳米空心球，其对丙酮气体反应明显，检测出良好的气敏特性，响应和恢复的时间分别为 8 S 和 9 S。

【修改建议】Xiang 等[13]通过溶剂法制备出 ZnO 纳米空心球，其对丙酮气体反应明显，检测出良好的气敏特性，响应和恢复的时间分别为 8 s 和 9 s。

【简析】根据《有关量、单位和符号的一般原则》(GB/T 3101—1993)，单位符号一律用正体字母，除来源于人名的单位符号第一字母要大写外，其余均为小写字母(升的符号 L 例外)。本例中“8 S”和“9 S”单位符号应改为小写字母 s。

案例 15

【错例】日本 Rigaku 公司 D/MAX-2500)，采用 Cu-Kα(λ=0.154 06 nm)为 X 射线源，以固定入射角 1.0°，在 20～80°范围内 2θ 扫描记录了面外掠入射 X 射线衍射(GIXRD)图谱对样品的晶体结构进行分析。

【修改建议】日本 Rigaku 公司 D/MAX-2500)，采用 Cu-Kα(λ=0.154 06 nm)为 X 射线源，以固定入射角 1.0°，在 20°～80°范围内 2θ 扫描记录了面外掠入射 X 射线衍射(GIXRD)图谱对样品的晶体结构进行分析。

【简析】《出版物上数字用法》(GB/T 15835—2011)中规定：“前后两个数值的附加符号或计量单位相同时，在不造成歧义的情况下，前一个数值的附加符号或计量单位可省略。如果省略数值的附加符号或计量单位会造成歧义，则不应省略。”本例中“20～80°”省略单位符号(°)容易造成歧义，应改为“20°～80°”。此外，θ 应为斜体。

案例 16

【错例】溅射功率/w。

样品序号	溅射功率/w	溅射压强/Pa	溅射时间/min	溅射温度/℃

【修改建议】功率的单位为大写 W。

【简析】根据《有关量、单位和符号的一般原则》(GB/T 3101—1993),单位符号一律用正体字母,除来源于人名的单位符号第一字母要大写外,其余均为小写字母(升的符号 L 例外)。本例中功率单位是瓦特,来源于人名,所以第一字母大写,应改为大写 W。

案例 17

【错例】在驱动电压为 0.28 Mpa 的条件下,程序设定软体机器人一个运动周期为 2.5 s,软体机器人最大平均速度为 40 mm/s。

【修改建议】在驱动电压为 0.28 MPa 的条件下,程序设定软体机器人一个运动周期为 2.5 s,软体机器人最大平均速度为 40 mm/s。

【简析】根据《有关量、单位和符号的一般原则》(GB/T 3101—1993),单位符号一律用正体字母,除来源于人名的单位符号第一字母要大写外,其余均为小写字母(升的符号 L 例外)。本例中压强单位是帕斯卡,来源于人名,所以 p 应改为大写 P。

案例 18

【错例】而改进后的 DVR 控制下,将最大波动幅值缩减至 0.2 MW 和 0.19 MVar,表现出较强的抗干扰能力。

【修改建议】而改进后的 DVR 控制下,将最大波动幅值缩减至 0.2 MW 和 0.19 Mvar,表现出较强的抗干扰能力。

【简析】根据《有关量、单位和符号的一般原则》(GB/T 3101—1993),单位符号一律用正体字母,除来源于人名的单位符号第一字母要大写外,其余均为小写字母(升的符号 L 例外)。本例中"var"是"variable"(变量)的缩写,用于表示无功功率,"V"应改为"v"。

案例 19

【错例】

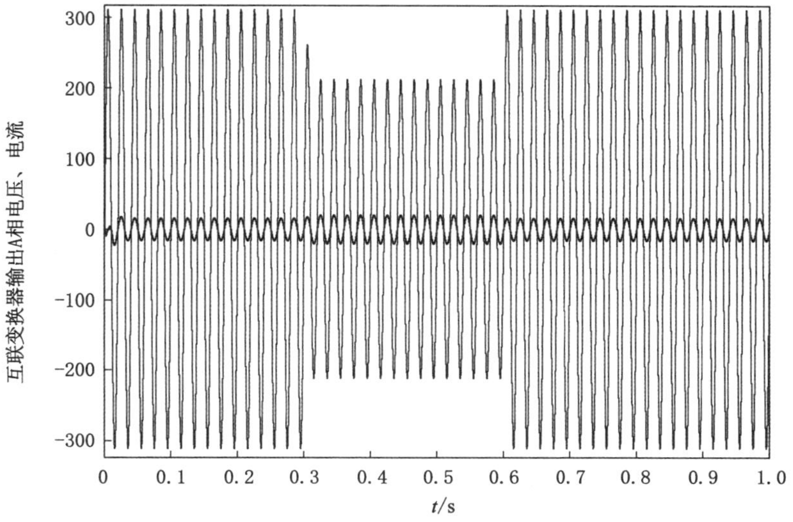

(e) 互联变换器输出A相电压、电流

【修改建议】纵坐标中的“互联交换器输出 A 相电压、电流”中加上单位，应修改为“互联交换器输出 A 相电压/V、电流/A”。

【简析】《学术论文编写规则》(GB/T 7713.2—2022)规定：“在插图、表格、数学式和文字叙述中，表达量值时，一律使用单位的国际符号，且无例外地用正体字母。”图中纵坐标标目中缺失单位，应加上相应的单位符号。

案例 20

【错例】温度控制范围在 200±2 ℃。

【修改建议】温度控制范围在(200±2)℃或 200 ℃±2 ℃。

【简析】正确、规范地表示量值的和或差。所表示的量为量的和或差时，应当加圆括号将数值组合，且把共同的单位符号置于全部数值之后，或者写成各个量的和或差的形式。

案例 21

【错例】风能、太阳能发电总装机容量将达到 12×10^{6} kW 以上。

【修改建议】风能、太阳能发电总装机容量将达到 12 GW 以上。

【简析】使用词头是为了使量值中的数值处于 0.1～1 000 范围内，为此要按量值大小确定词头因数的大小，选用合适的词头符号。本例中词头用 kW 量值范围超出 0.1～1 000，因此选用词头 GW。

案例 22

【错例】风电、太阳能发电总装机容量将达到 1.2 亿度以上。

【修改建议】风电、太阳能发电总装机容量将达到 1.2×10^{8} kW·h 以上。

【简析】“度”为电能的废止单位，电能的法定单位是“kW·h”，本例中“1.2 亿度”应改为“1.2×10^{8} kW·h”。

案例 23

【错例】试验材料为 10～20 目废胎面粉材料。

【修改建议】试验材料采用粒度为 840～2 000 μm 的废胎面粉材料。

【简析】“目”不是国家法定计量单位，也不是暂时或限制使用的非 SI 单位，而是不允许使用的非 SI 单位，应改为“粒度”来度量。

案例 24

【错例】在电网建设方面，蒙西“三横四纵”500 千伏主干网架结构和蒙东“五横一纵”500 千伏主干网架结构已形成……

【修改建议】在电网建设方面，蒙西“三横四纵”500 kV 主干网架结构和蒙东“五横一纵”500 kV 主干网架结构已形成……

【简析】根据《有关量、单位和符号的一般原则》(GB/T 3101—1993)，中文符号只在小学、初中教科书和普通书刊中在有必要时使用。本例中为科技论文，不应使用单位的中文符号，其中的电压单位“千伏”应改为 SI 单位“kV”。

案例 25

【错例】参考呼和浩特市集中隔离点建设项目，占地面积 6.75 亩。

【修改建议】参考呼和浩特市集中隔离点建设项目，占地面积 0.45 hm^{2}。

【简析】《物理科学和技术中使用的数学符号》(GB/T 3102.11—1993)规定，面积的单位应使用平方公里(km^{2})、平方米(m^{2})或公顷(hm^{2})，不再使用“亩”作为面积单位，本例中“6.75 亩”应改为“0.45×10^{4} m^{2}”或“0.45 hm^{2}”。

3.3 插图

《学术论文编写规则》(GB/T 7713.2—2022)第 5.4 节中规定：

(1) 插图是论文重要的组成部分，包括坐标曲线图、构造图、示意图、框图、流程图、记录图、地图、照片等。插图应具有自明性、简明性、科学性和艺术性，大小适当，图中文字清晰可见，其编排应符合 CY/T 171 的规定。

(2) 插图应有编号，一律用阿拉伯数字分别依序连续编号，一般按出现顺序全文统一编号。

(3) 插图应有图题，置于图编号之后，并空 1 个汉字的间隙。图编号与图题应居中置于图的下方。必要时，可有简明的图例、图注或说明。图注或说明为多条并需编序号时，宜采用阿拉伯数字加后半圆括号或圈码，置于被注对象的右上角，如××××[2)]或××××[②]。图注或说明的末尾应加“。”。

(4) 不同类型的插图有不同的编排要求，编排时应符合下列要求。

① 坐标曲线图的标目应分别置于横、纵坐标轴的外侧，一般居中排。横坐标标目应自左至右；纵坐标标目应自下而上，“顶左底右”；如有右侧纵坐标，其标目排法同左侧。当标目同时用量和单位表示时，应采用“量的符号或名称/单位符号”的标准化形式，如 c_B/(mol/L)、B 的浓度/(mol/L)、BMI/(kg/m^2)(BMI 为身体质量指数的缩写词)。

② 照片图的主题和主要显示部分应轮廓鲜明。如采用放大或缩小的复制品，应图像清晰、反差适中。照片上应有表示目的物尺寸的标度。

③ 构造图、装配图中的尺寸数据如具有相同的单位，宜将共同单位标注在图的右下角或左下角，写作“单位：××”。

④ 地图插图应确保准确无误，应符合 GB/T 19996 的规定。

(5) 插图宜紧置于首次提及该图编号的正文之后，先见文字后见图。由几个分图组成的插图如需转页接排，可在所有分图都排完之后排图编号、图题。

科技论文中插图和表格的常见问题类型：

(1) 数据重复使用。在科技论文写作中，重复使用数据是大忌。有的作者使用同一组数据既作图又作表，易导致以下负面印象：一是实验数据不足，二是作者缺乏论文写作常识。二者均会降低审稿人对论文质量的评价。

(2) 图表单位与缩写不规范。图表单位与缩写是论文写作最容易忽视的点，很多作者根据个人喜好随意而定；未使用固定缩略语；数据单位未遵循国际单位制命名规则；大小写混用。

(3) 表格中数值表达不一致。计算结果不精确，小数点保留位数不统一。数值的精确性是科学实验结果是否严密的具体体现。所有的数据都是经过原始数据计算得出的，因此往往不是整数，要求作者统一小数点位数，大多数精确至小数点后两位即可。另外，表格中统一指标数字的有效位数应一致，不足者以"0"补足。

(4) 图表设计不当。图表的横排纵列之间是具有严密的逻辑关联的，其设计初衷是便于读者对照和比较数据结果，从而直观地得到作者传达的观点和结论。不合理的图表设计会造成读者对论文内容的误解，引起审稿人对论文质量的怀疑，乃至否定实验设计的存在意义。另外，表格一般要使用三线表。

(5) 缺少统计学分析。图表是对实验原始数据的总结与延伸，所有的数据理论上都应该是经过统计学处理的。如果没有统计学分析，意味着你可能只做了一次实验，实验结果可能是偶然的，审稿人会进一步怀疑论文数据的真实性。因此，若没有统计学分析，应注明原因。

(6) 图片存在问题。一是清晰度不足，论文中图片分辨率不应低于 300 dpi，格式须符合期刊要求，建议作者保存原始图片，以方便格式转换。审稿人在审稿意见中常提出图片像素过低或图片不符合要求；二是违规修饰，部分作者人为美化图片或删除异常数据，这在高水平期刊是不允许的。

(7) 表格绘制问题。很多文章中的表格是通过 Word 手动画线功能绘制框线，用空格功能实现对齐。一旦修改表格中的内容，表格的对齐方式和框架就会改变。推荐使用 Word"插入表格"功能，确保表格格式稳定性和可编辑性。

案例 1

【错例】

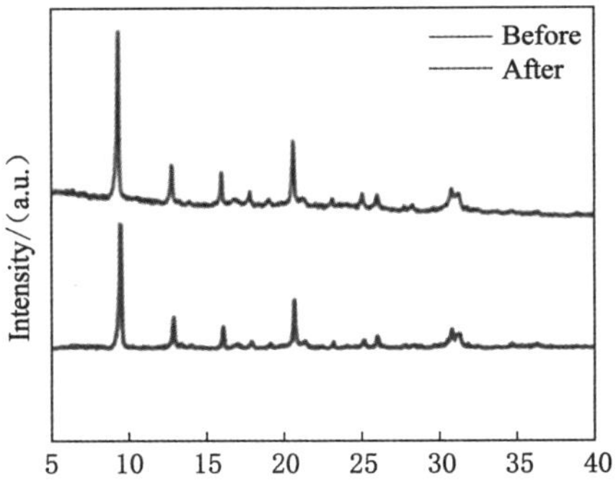

图× CuAPSO-34 分子筛的 XRO 图谱

【修改建议】“θ”应当是斜体，degree 应改为“(°)”。

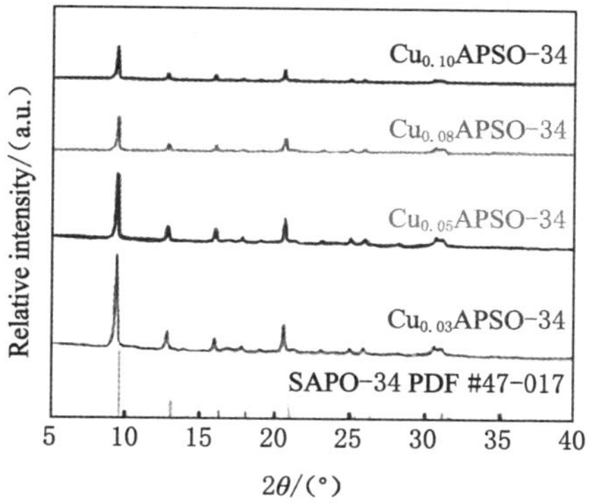

图× CuAPSO-34 分子筛的 XRO 图谱

【简析】《物理科学和技术中使用的数学符号》(GB/T 3102.11—1993)规定，变量、变动附标及函数应使用斜体，因此本例中 θ 为球坐标变量，应使用斜体 θ。另外，量名称 degree 不能用作量符号，应改为“(°)”。

案例 2

【错例】

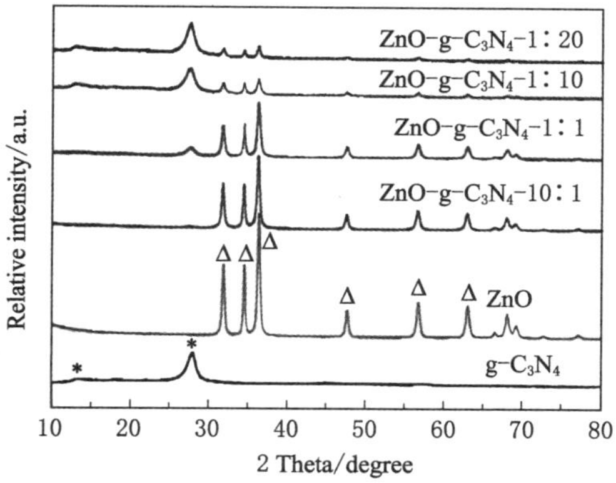

(a) XRD图

【修改建议】去掉没有标值的标值线。

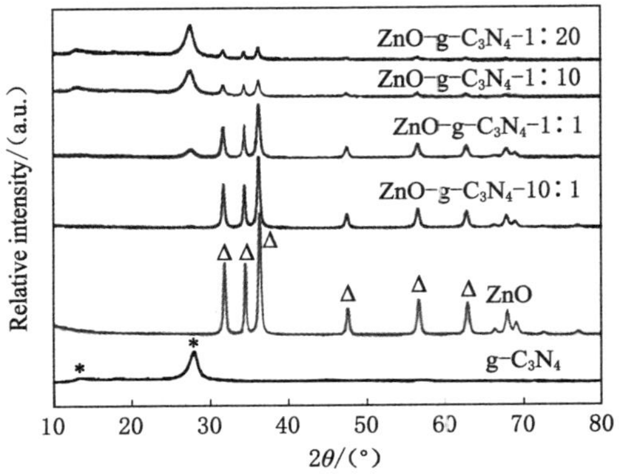

(a) XRD图

【简析】标值线是坐标图的构成要素之一，特别是在直角坐标图中，它对于准确表达信息具有十分重要的作用。标值线的设定不能随意，而是要根据坐标图的性质、特征、正文内容及美感等因素来设定。没有数值对应的标值线容易影响标值的整洁性和清晰度，因此去掉没有数值对应的标值线更有利于阅读。

案例3

【错例】

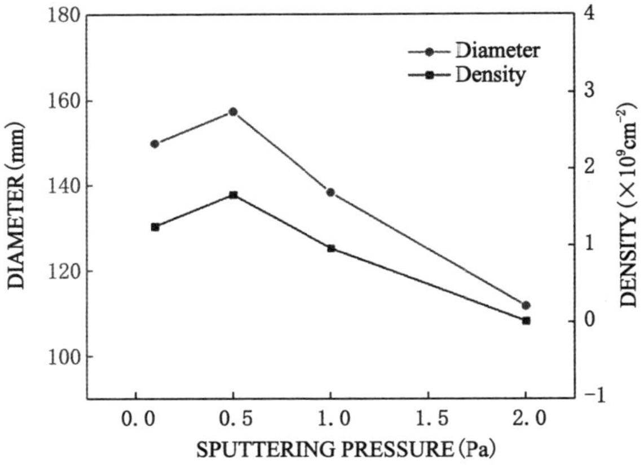

(e) 球状凸起直径及密度趋势图

【修改建议】

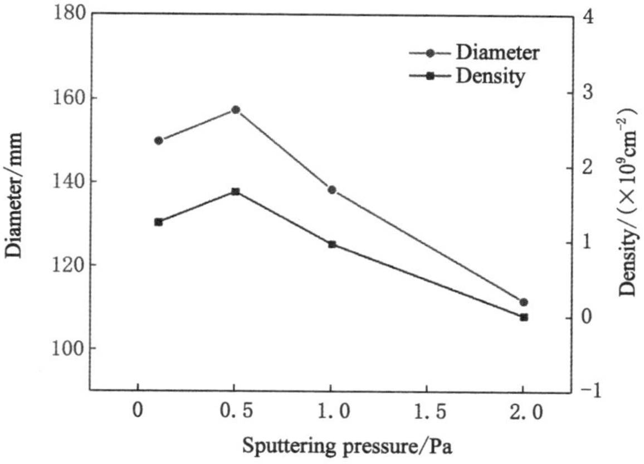

(e) 球状凸起直径及密度趋势图

【简析】横坐标起点应为“0”，不能表示为“0.0”。标目英文除首字母外，改为小写。

案例 4

【错例】

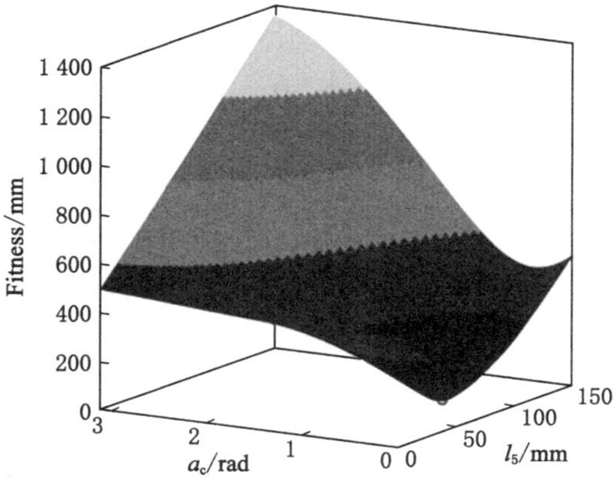

图× 目标函数图像

【修改建议】

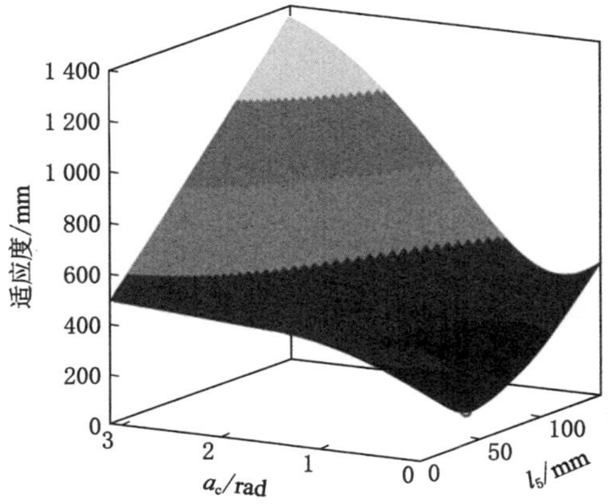

图× 目标函数图像

【简析】根据“标目应与被标注的坐标轴平行，以坐标轴为准居中排在坐标轴和标值的外侧”的原则，本例中左下方、右下方原标目为水平方向，应根据坐标轴方向进行调整。左下方标目“a_c/rad”按顺时针方向旋转，右下方标目“l_5/mm”按逆时针方向旋转。同时，纵坐标“Fitness”改为“适应度”。

案例 5

【错例】

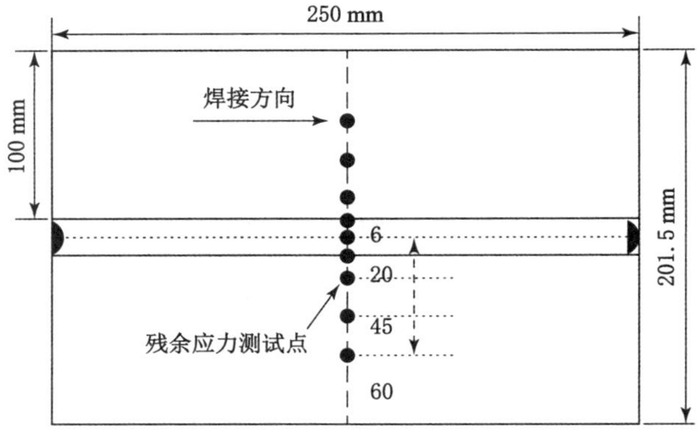

图× 残余应力测试点分布

【修改建议】

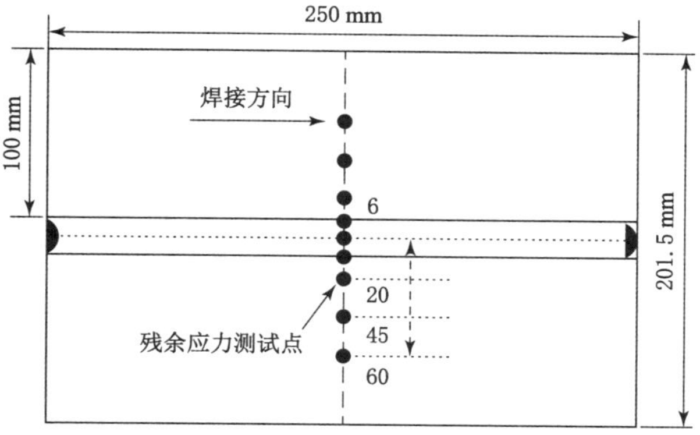

图× 残余应力测试点分布

【简析】插图中应避免因为数值和标值线过度密集而出现数值与标值线重叠，标识不清现象。本例中数值“6、20”与标值线重合，应将数字向上或向下移动，与标值线分开，并与其他数值标识一致。

案例6

【错例】

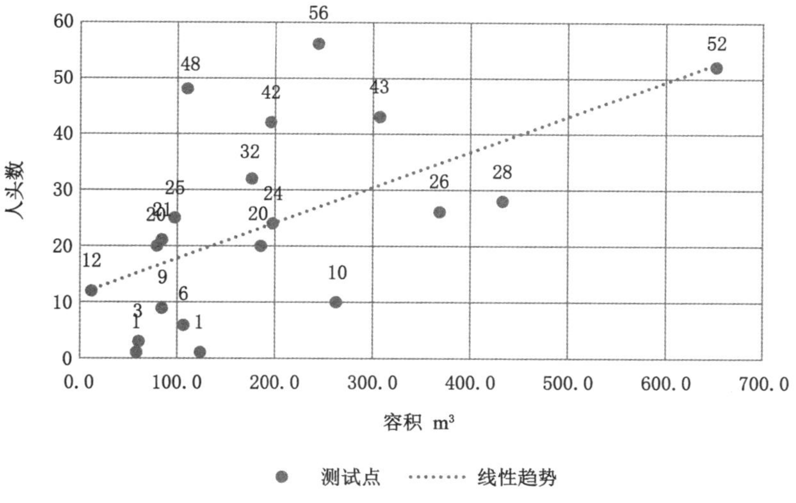

(a) 测试点位人头数与容积关系

【修改建议】图例应当标在图内，同时改成方框图，可去掉背景网格线。

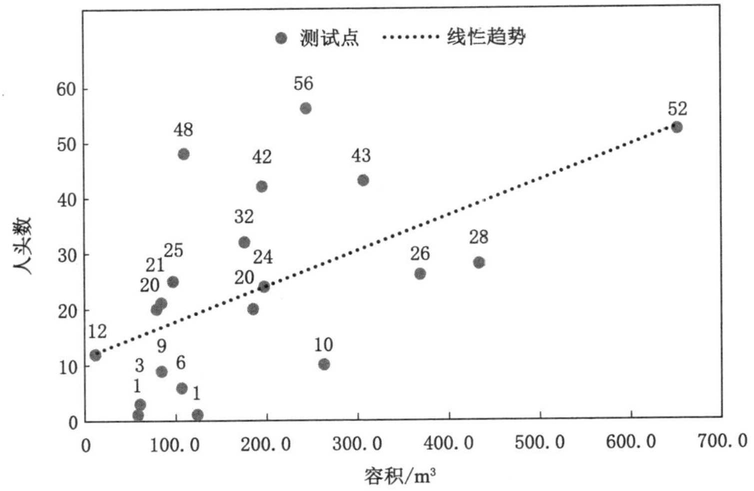

（a）测试点位人头数与容积关系

【简析】图例是给图中符号、图形、色块、比例尺寸等的名称和说明的图元注。图例通常放置于图内（不提倡放图题下方）。为了使图更加简洁，可去掉背景网格线。

案例 7

【错例】

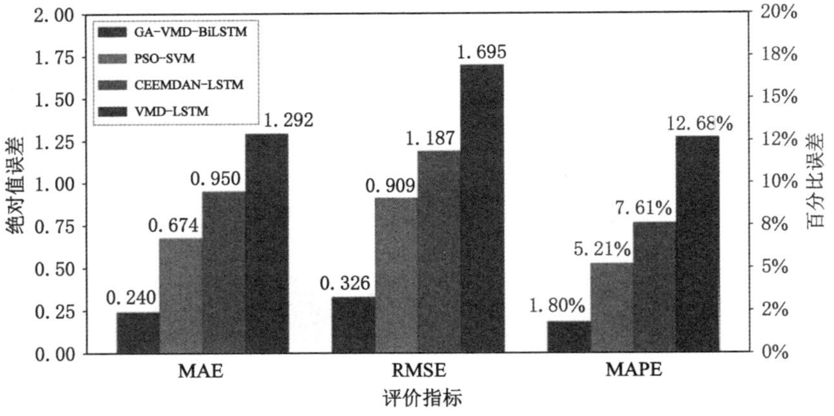

图× 各预测模型误差对比

【修改建议】

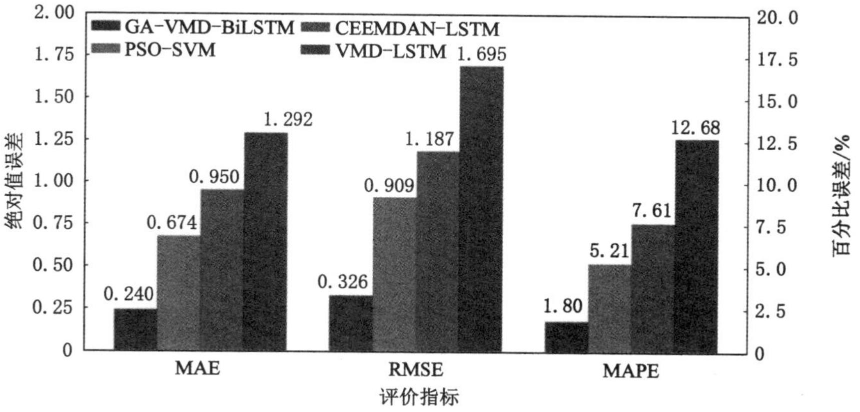

图× 各预测模型误差对比

【简析】《学术论文编写规则》(GB/T 7713.2—2022)规定:"坐标曲线图的标目应分别置于横、纵坐标的外侧,一般居中排。当标目同时用量和单位表示时,应采用'量的符号或名称/单位符号'的标准化形式。"本例坐标图中右侧纵坐标单位都是%,可采用"百分比误差/%"统一表示。右侧标目数值应等间距排列。

案例 8

【错例】

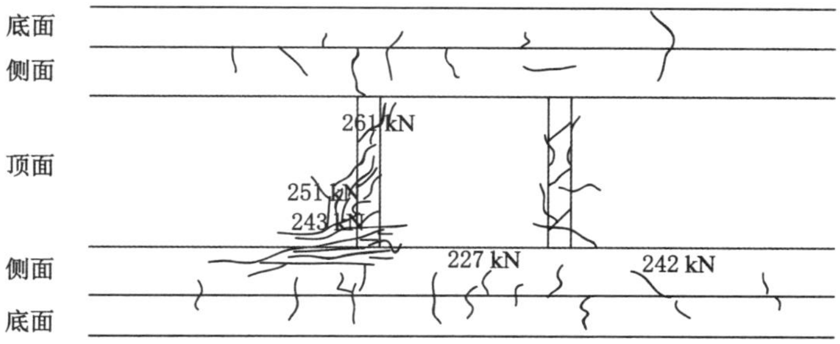

(a) 未冻融组合梁裂缝图

【修改建议】

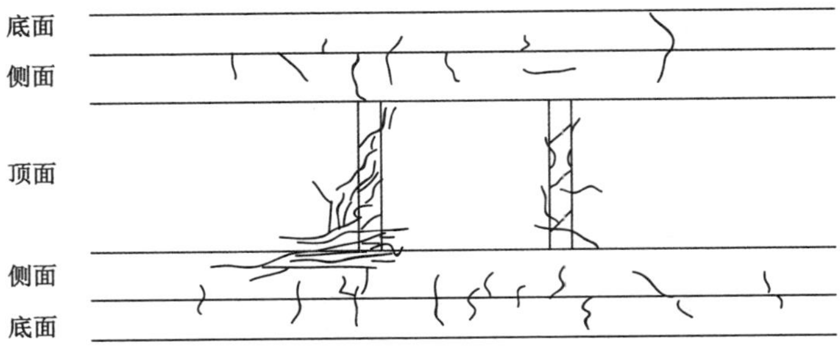

(a) 未冻融组合梁裂缝图

【简析】图中说明文字不应和图中曲线重合，既影响图形的表达，也影响文字的说明。本例经与作者沟通，去掉图中文字不影响图片的表达效果，这样避免了图中曲线与文字重叠、辨识不清的现象。

案例 9

【错例】

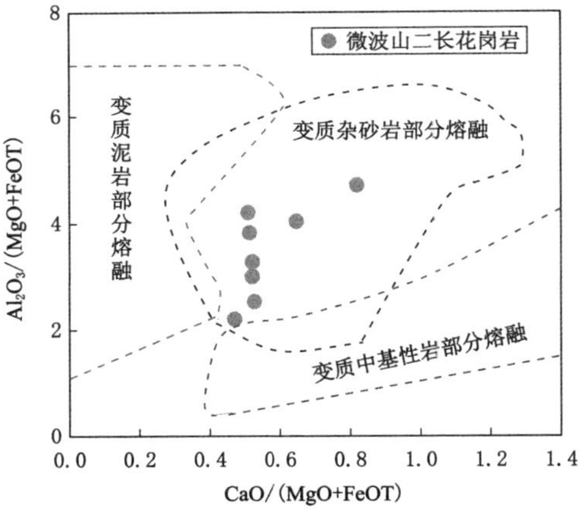

图× 微波山二长花岗岩源区组成判别图

Fig. × Discrimination diagrams of source area of Weiboshan monzonitic granite; $Al_2O_3/(MgO+FeOT)$ vs. $CaO/(MgO+FeOT)$[29]

【修改建议】

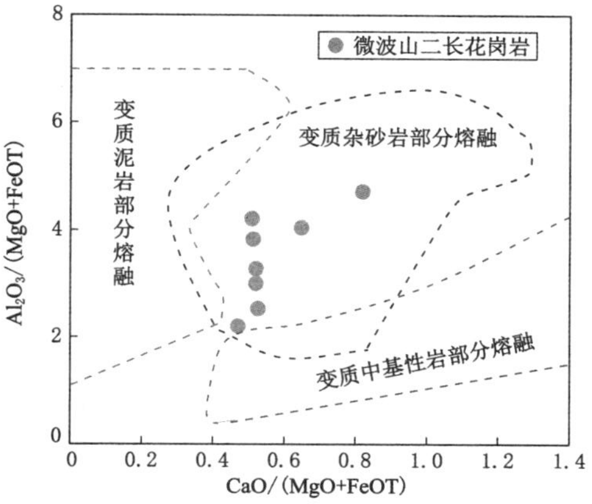

图× 微波山二长花岗岩源区组成判别图

Fig. × Discrimination diagrams of source area of Weiboshan monzonitic granite

【简析】原例中英文图名不一致。在科技论文中，中英文题名的一致性原则同样适用于图名、表名。

案例 10

【错例】

图× 国内发文前 25 项突现词分析图谱

【修改建议】

图× 国内发文前25项突现词分析图谱

【简析】根据文中及图形意义，“风景园林”对应的结束年份“2922”是输入错误，应将“2922”改为“2022”。

案例 11

【错例】

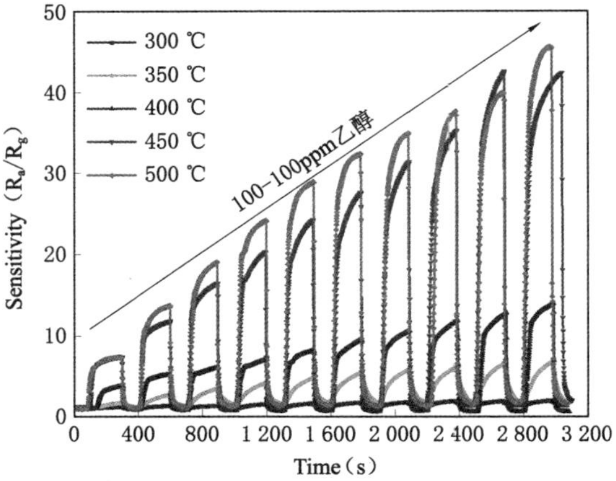

(a) 样品1在不同工作温度和乙醇浓度下的气敏特性

【修改建议】

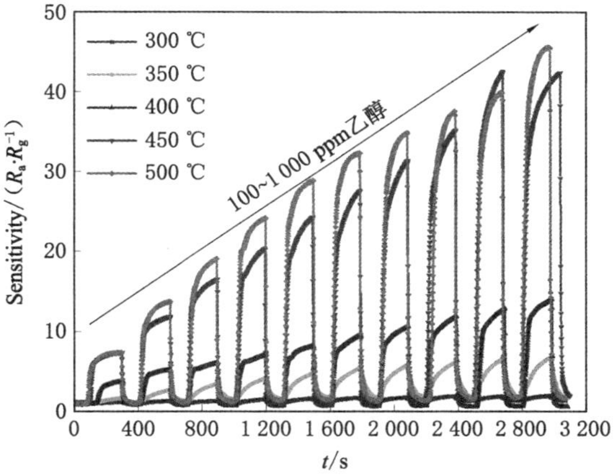

(a) 样品 1 在不同工作温度和乙醇浓度下的气敏特性

【简析】《物理科学和技术中使用的数学符号》(GB/T 3102.11—1993)规定，变量、变动附标及函数应使用斜体，本例中 $\mathrm{R_a}$、$\mathrm{R_g}$ 为气敏特性，应使用斜体 R_a、R_g。本例中纵坐标标目比表面积 R_a/R_g 应改为比表面积($R_a \cdot R_g^{-1}$)，横坐标标目 Time(s)应改为 t/s。此外，“100-100ppm”涉及三处错误，经与作者核实，“100-100”为笔误，后一个“100”应改为“1 000”；单位符号与其前面的数值之间应留有适当空隙；数值范围的连接号应用“～”，所以正确的写法应为“100～1 000 ppm”。

案例 12

【错例】

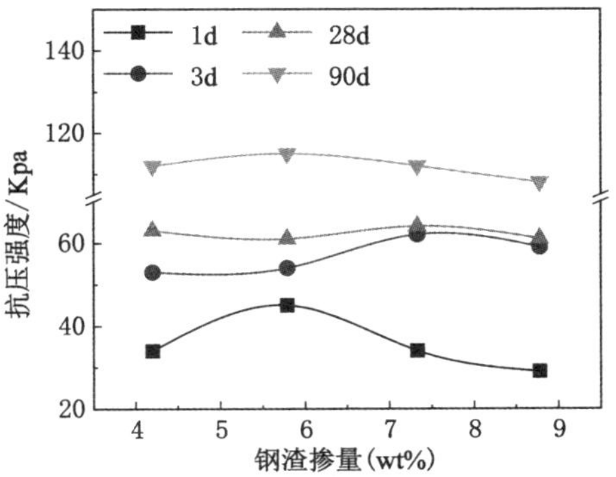

图× 抗压强度

【修改建议】

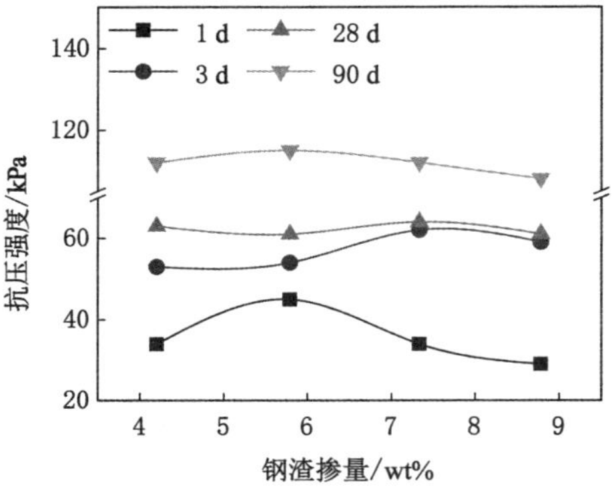

图× 抗压强度

【简析】根据《有关量、单位和符号的一般原则》(GB/T 3101—1993),单位符号一律用正体字母,除来源于人名的单位符号第一字母要大写外,其余均为小写字母(升的符号 L 例外)。本例中纵坐标标目压强单位是帕斯卡,来源于人名,所以 P 应大写,但 k 为 SI 词头,词头“千”的符号应为小写“k”。所以这里应改为小写 k。

案例 13

【错例】

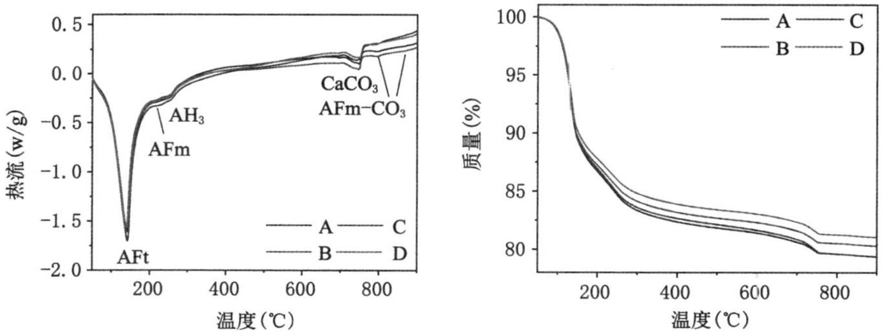

图× BSAC 在水化 28 d 后的 DSC、TG 曲线

【修改建议】

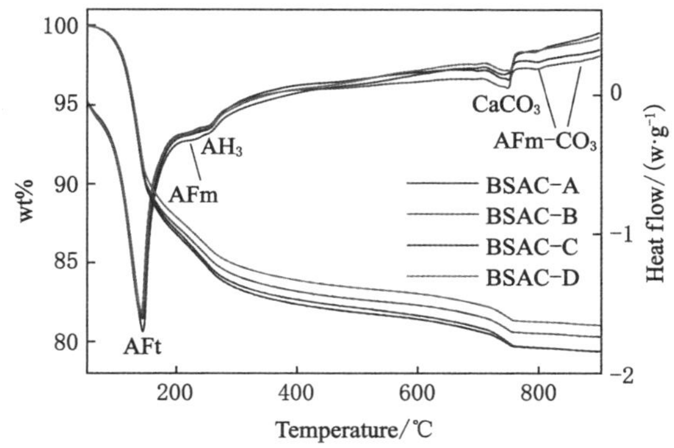

图× BSAC 在水化 28 d 后的 DSC、TG 曲线

【简析】在线形图设计制作中，常会遇到某些变量间的关系在另外一些不同的参变量或条件下呈现出不同的规律和特点，故得到不同的函数曲线，有多少条曲线就设计制作多少个插图，并分别标明各自的图序和图题，这样显然不规范。运用同类曲线叠置方式可以把这些曲线设计为单图，这样处理后，插图简洁又规范，既能节省版面，还能增强对比、显示效果，结论也更明确。原图中 DSC、TG 曲线分别作图，应合并。

案例 14

【错例】

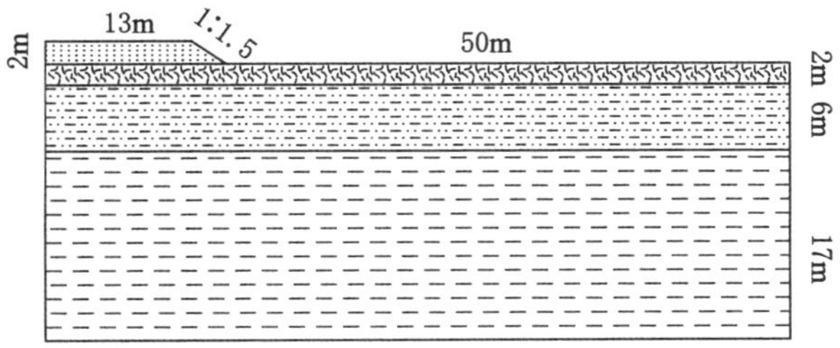

图× 冻土路基几何模型

【修改建议】

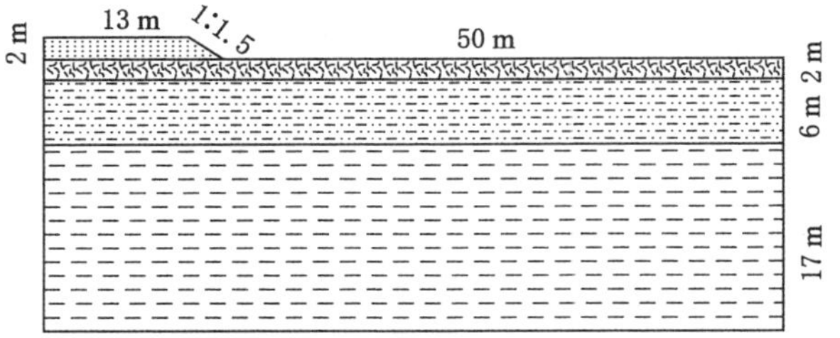

图×　冻土路基几何模型

【简析】本例中原图左侧标值是逆时针 90°方向旋转，右侧标值顺时针 90°方向旋转，根据插图中的图号、图题、图注的写法和格式的一致性原则，也根据排版要求，右侧数值应改为逆时针 90°方向旋转，读者顺时针 90°旋转阅读。

案例 15

【错例】

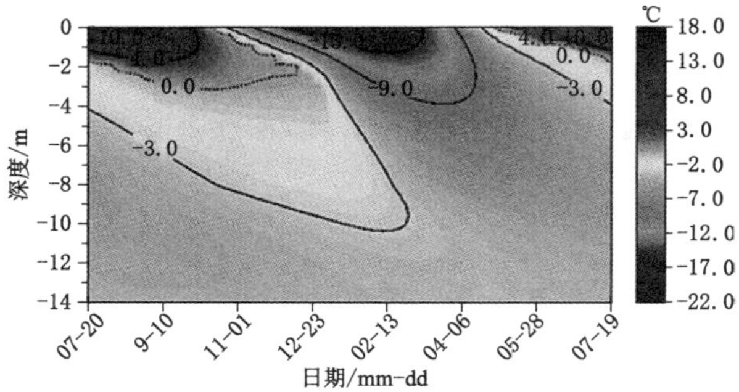

(a) 工况1

【修改建议】

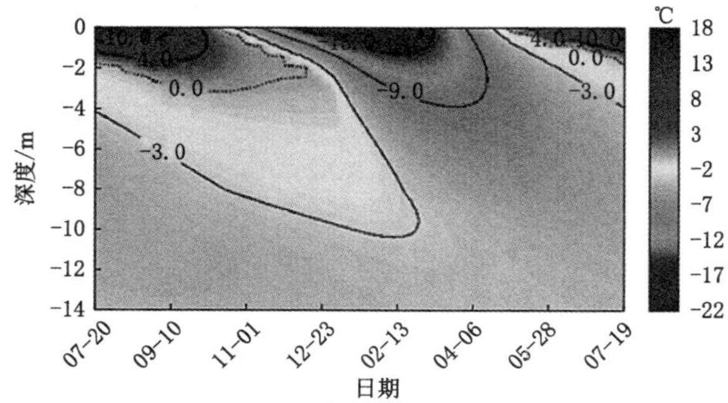

(a) 工况1

【简析】左面纵坐标和右面纵坐标数值修约数应一致，右面纵坐标数值应去掉小数点及后面的数值。

案例 16

【错例】

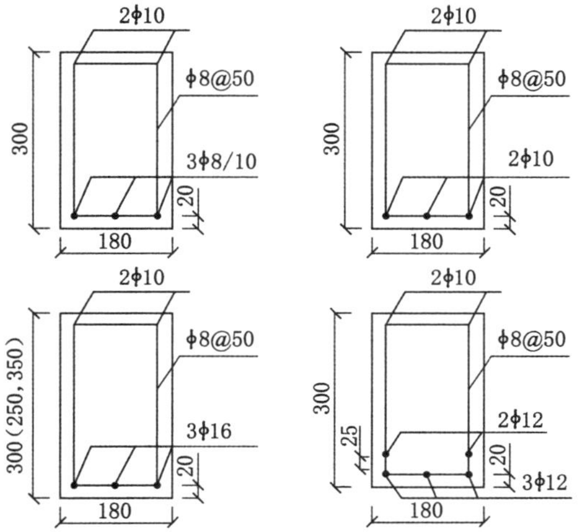

（b）试件配筋

【修改建议】

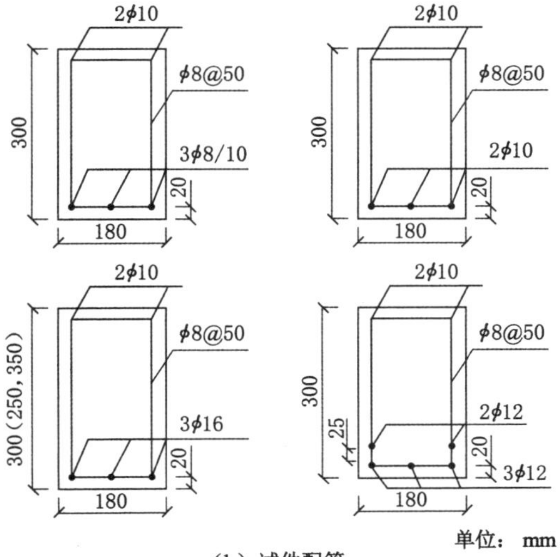

（b）试件配筋

【简析】插图中的量和单位的名称、符号及书写规则应符合 GB 3100—3102《量和单位》的规定，本例中图中数值缺少单位，应补充单位 mm。

案例 17

【错例】

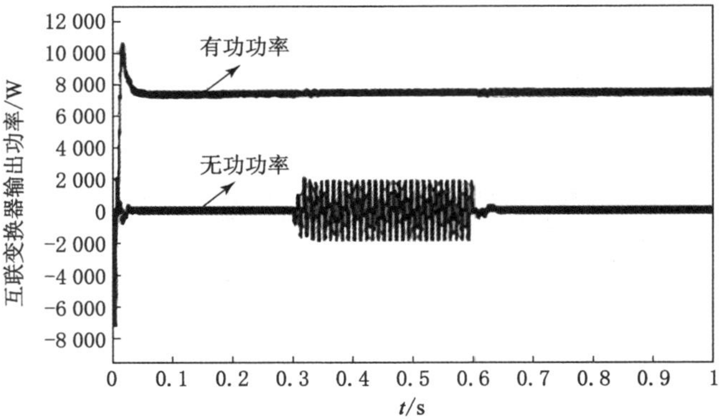

（d）互联变换器输出有功、无功功率

【修改建议】

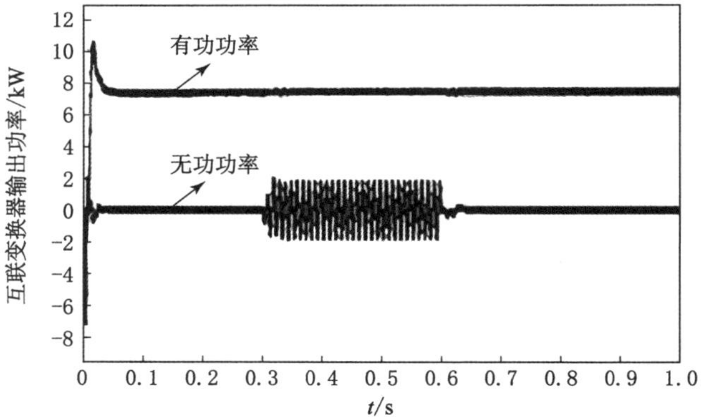

（d）互联变换器输出有功、无功功率

【简析】标值的数字一般宜处在 0.1～1 000 之间，本例中纵坐标都在 1 000 以上了，可通过将标目中的单位改用词头形式或在量符号前面增加非 1 的因数来实现。本例中可将纵坐标单位改为 kW，这样纵坐标的数值就在 0.1～1 000 之间了。

案例 18

【错例】

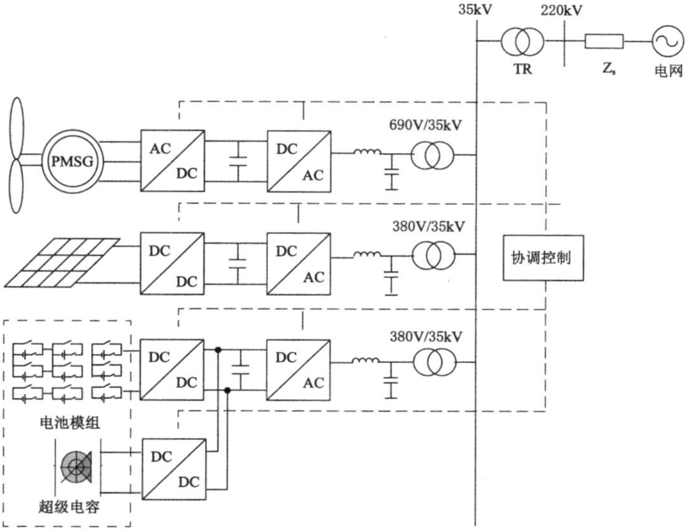

图×　风光储电站拓扑结构

【修改建议】

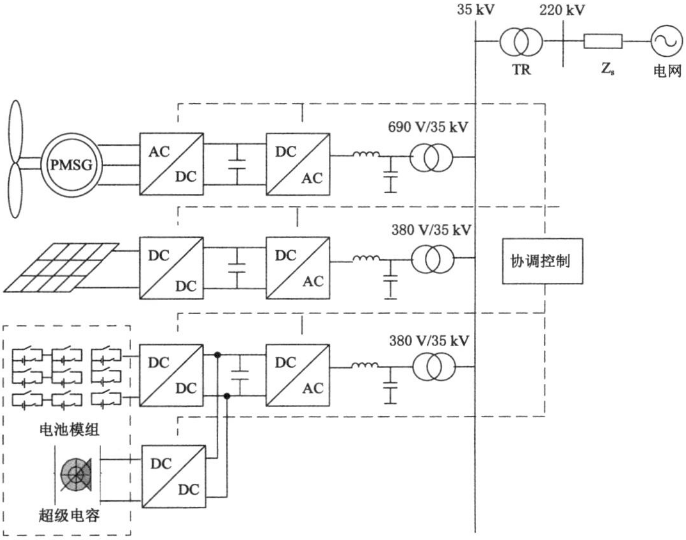

图×　风光储电站拓扑结构

【简析】《学术论文编写规则》(GB/T 7713.2—2022)规定:“单位符号与其前面的数值之间应留适当空隙。”对插图的要求也是如此,图中数值与单位符号之间应留有适当空隙。如原图中的“35kV、220kV、690V、380V”应改为“35 kV、220 kV、690 V、280 V”。

案例 19

【错例】

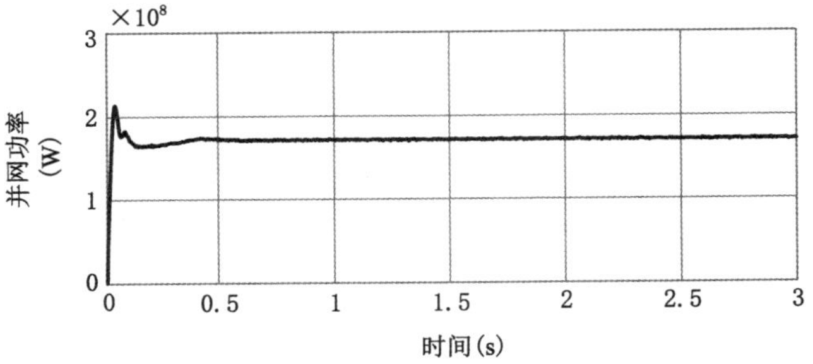

(f) 交流母线并网功率

【修改建议】

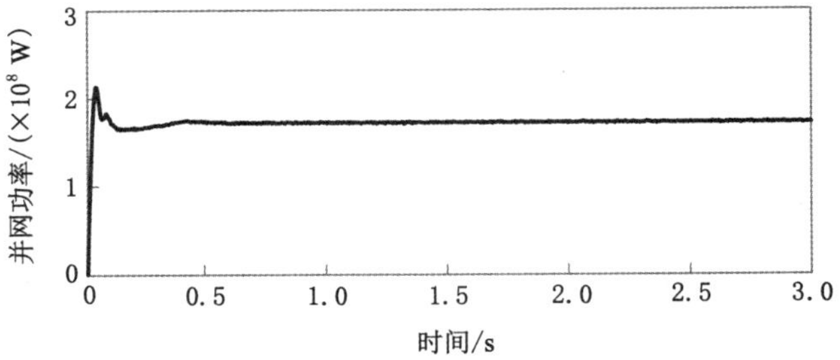

(f) 交流母线并网功率

【简析】插图中的量和单位的名称、符号及书写规则应符合 GB 3100—3102《量和单位》的规定。“$\times 10^8$”不应在图上纵坐标标注,而应和纵坐标单位合为一体,改为($\times 10^8$ W)。

案例 20

【错例】

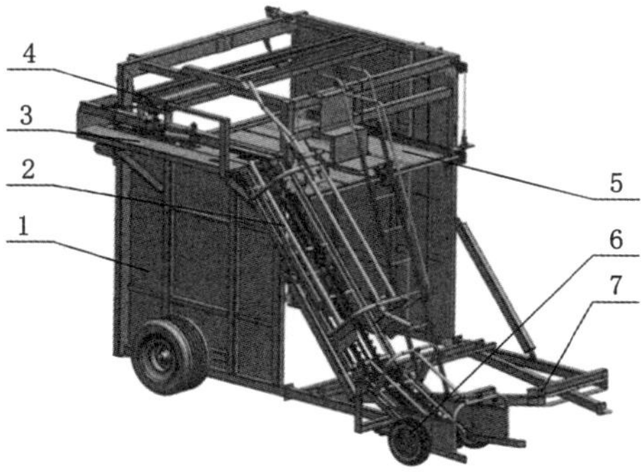

1.机架 2.捡拾升运机构 3.草捆集捆平台 4.码垛机构
5.负载平台机构 6.仿形轮 7.牵引架

图× 方草捆捡拾码垛车三维模型

【修改建议】

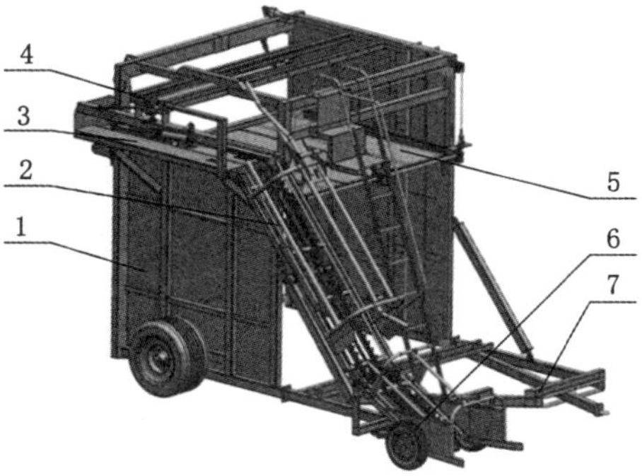

1—机架；2—捡拾升运机构；3—草捆集捆平台；4—码垛机构；
5—负载平台机构；6—仿形轮；7—牵引架。

图× 方草捆捡拾码垛车三维模型

【简析】图注是对插图或插图中某些内容加以注释或说明的文字，图注分为图元注和整图注。图元注指图的构成单元（元素）的名称或对其所做的说明，有图例和非图例两种标注方式。非图例是指在图元附近直接标注或通过指引线标注，当图元数量较多或文字较长时，可通过指引线在图元上标注注码，注码与说明文字之间可用一字线或下圆点隔开，各条注之间宜用分号隔开，最后一条注应加句号。案例中采用的是非图例的标注方式，但标注方式有误，错例中各条注之间没有用分号隔开，最后一条注没有标点。

案例 21

【错例】

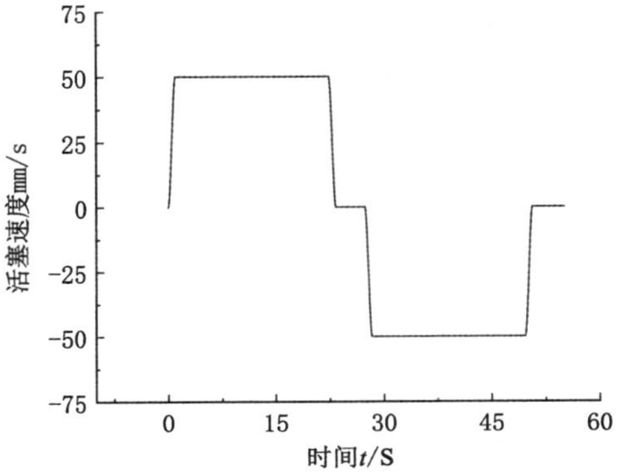

图× 活塞速度驱动曲线

【修改建议】

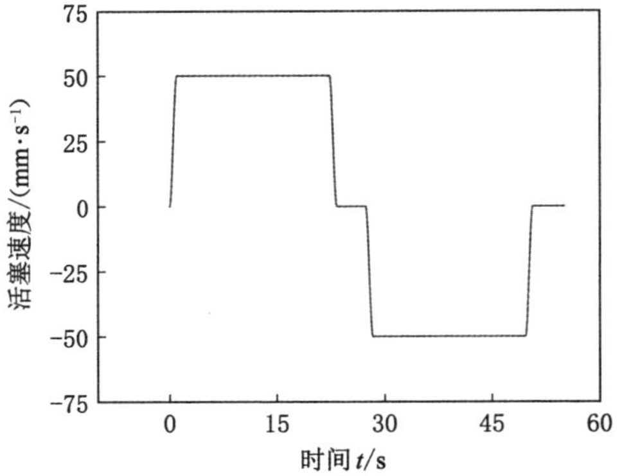

图× 活塞速度驱动曲线

【简析】根据《内蒙古工业大学学报(自然科学版)》的稿件格式求，三维线形图一般采用方框图。本例中 s 为时间单位名称而非单位符号，应改为小写正体。此外，需去掉没有标值对应的标值线。

案例 22

【错例】

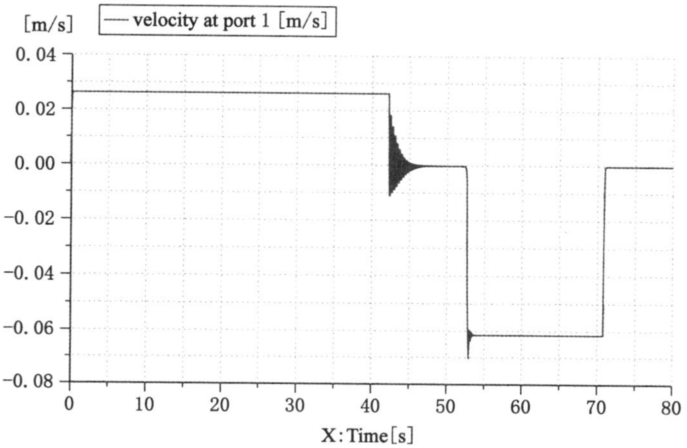

图× 活塞速度曲线

【修改建议】

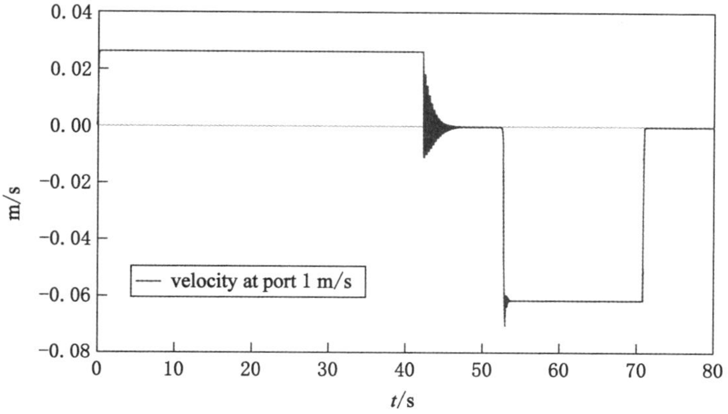

图× 活塞速度曲线

【简析】《学术论文编写规则》(GB/T 7713.2—2022)规定:“量符号通常为单个拉丁字母或希腊字母,描述传递现象的特征数由2个字母组成,并一律用斜体(pH 除外)。”时间应该用标准的量符号“t”代表,而不是“X:Time”。此外,纵坐标标目应置于坐标轴中间而非上方位置。图例应放在图形中，不提倡放在图形上方。

案例 23

【错例】

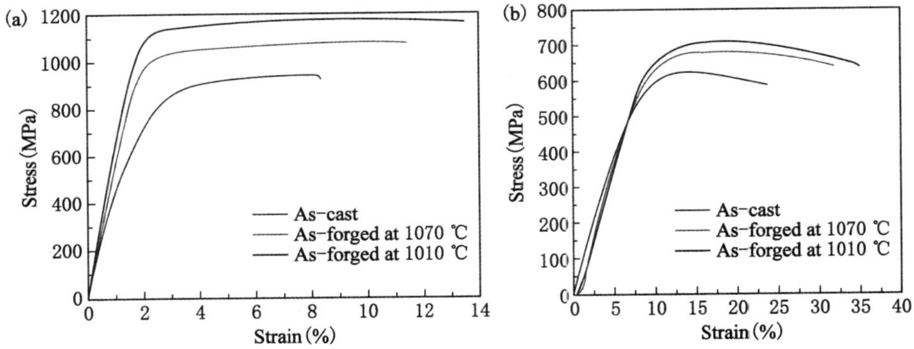

图×　不同状态下的复合材料室温和 650 ℃拉伸性能

【修改建议】

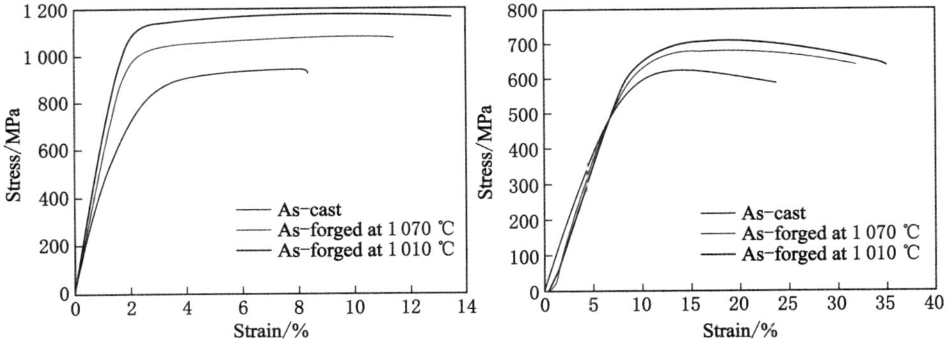

（a）室温拉伸曲线　　（b）650 ℃高温拉伸曲线

图×　不同状态下的复合材料室温和 650 ℃拉伸性能

【简析】图题是图的名称。若图由几个分图组成，则每个分图也应有各自对应的分图图题用以解释分图意义。本例中由两张分图组成，错误一是分图序号没有按照期刊要求置于分图正下方；二是没有分图图题；三是标目没有采用“量的符号或名称/单位符号”的标准化形式；四是大于 999 的整数没有采用三位分节法分节；五是存在没有标值的标值线。

案例 24

【错例】

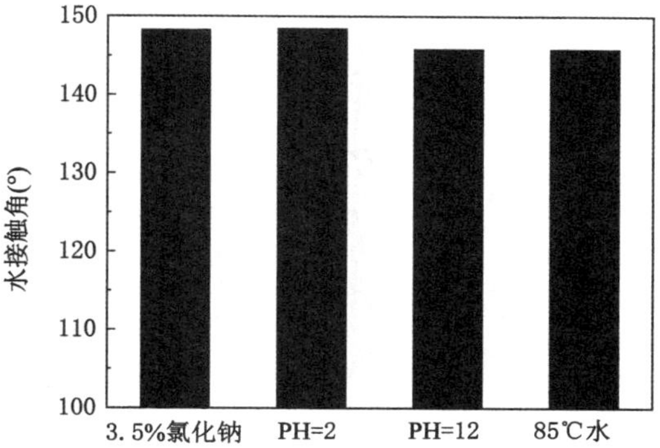

（a）不同PH条件下

【修改建议】

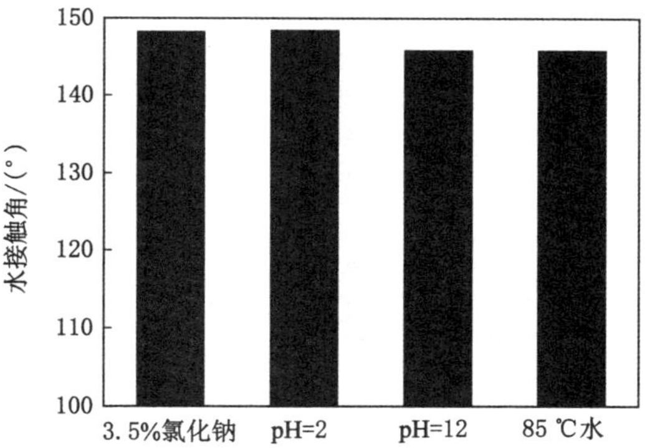

（a）不同pH条件下

【简析】《学术论文编写规则》(GB/T 7713.2—2022)规定："量符号通常为单个拉丁字母或希腊字母，描述传递现象的特征数由2个字母组成，并一律用斜体(pH 除外)。" pH 的"p"应该是小写。此外，纵坐标标目量名称与单位之间应用"/"分开，改为"水接触角/(°)"；单位符号与其前面的数值之间应留适当空隙，"85℃水"应改为"85 ℃水"。

案例 25

【错例】

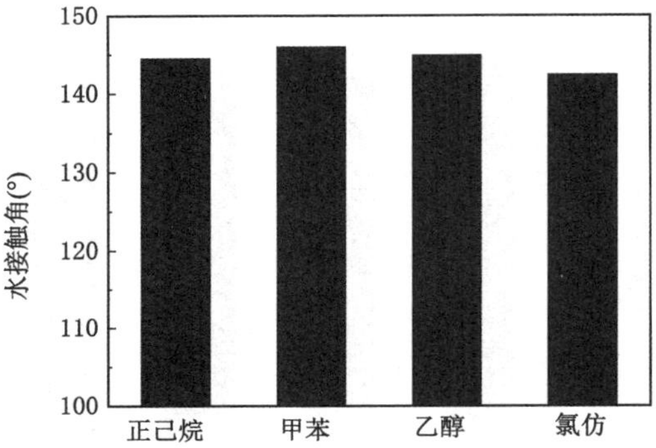

（b）不同溶剂条件下

【修改建议】

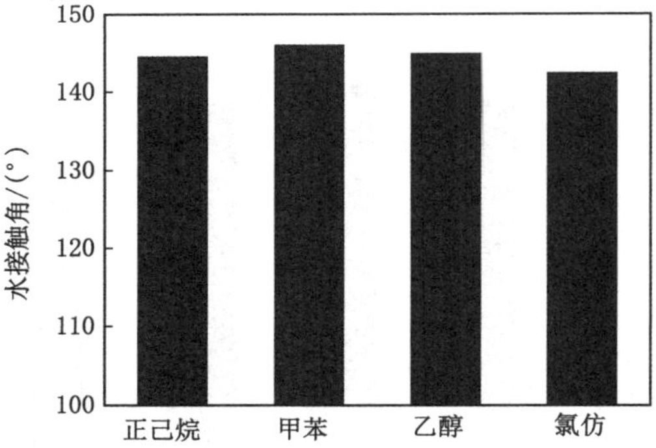

（b）不同溶剂条件下

【简析】设计坐标图时应避免标值线和标值过度密集而出现数码前后重叠、辨识不清的现象，标值数字的位数宜少不宜多。本例中有的标值线没有对应数值可删去，这样坐标图更加简洁明了。

案例 26

【错例】

(001)、(002)、(112)、(022)、(013)和(222)晶面特征峰，与已发表文献中的数据一致[22]，并且峰型尖锐，基于以上结果……

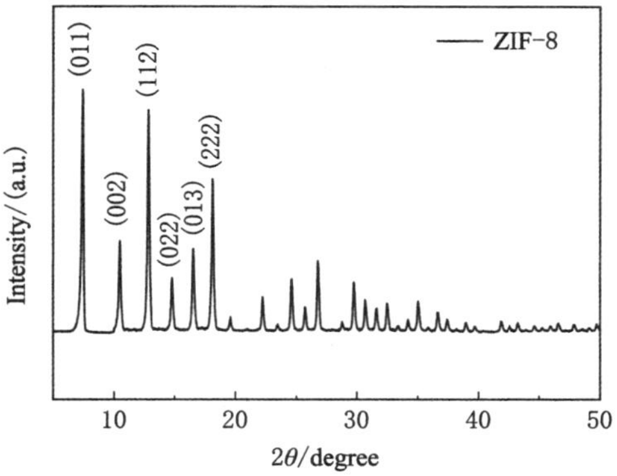

图× ZIF-8 的 XRD 图谱

【修改建议】

(011)、(002)、(112)、(022)、(013)和(222)晶面特征峰，与已发表文献中的数据一致[22]，并且峰型尖锐，基于以上结果……

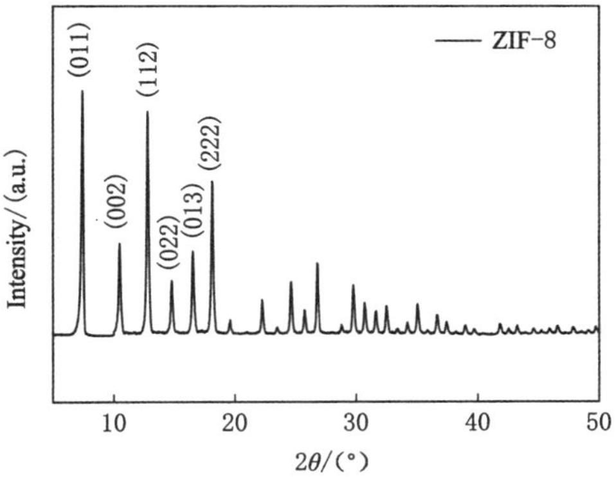

图× ZIF-8 的 XRD 图谱

【简析】插图是插在文字中配合说明内容的图，插图与正文应一致。本例中文中表述为(001)，图中标注为(011)，图文不一致，经确认文中错误，文中应改为(011)。

案例 27

【错例】

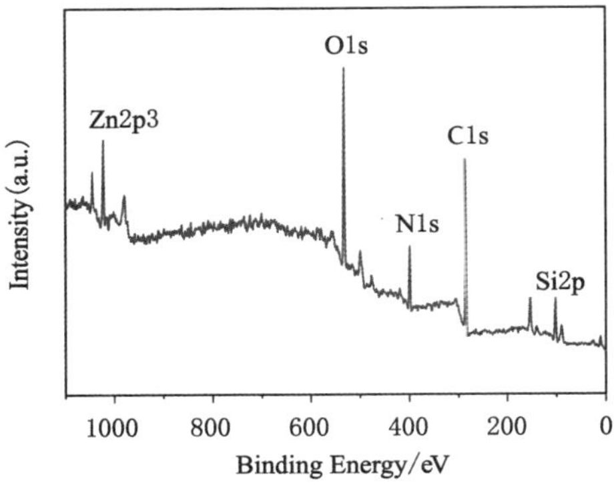

图× 海绵@PDMS/ZIF-8 的 XPS 图

由于空白海绵的主要成分是三聚氰胺，所以在 XPS 谱图上 399.22 eV 处出现了 N 1s 的峰。此外，在 XPS 全谱上的 1 022.04 eV 和 102.31 eV 处分别出现了 Zn 2p3 和 Si 2p 的峰[23]，这证明了 PDMS/ZIF-8 成功包裹在海绵的表面。

【修改建议】

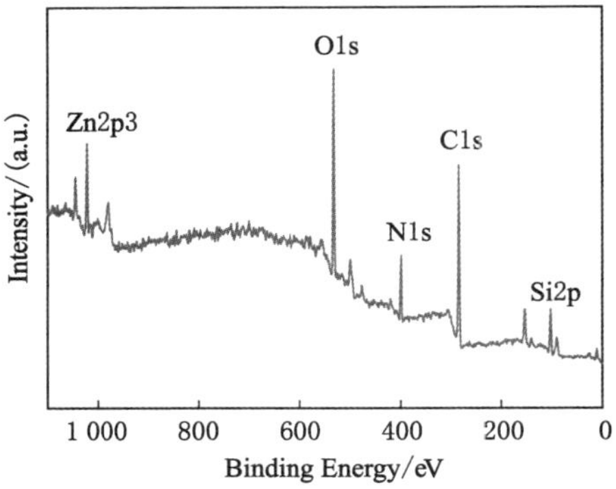

图× 海绵@PDMS/ZIF-8 的 XPS 图

由于空白海绵的主要成分是三聚氰胺，所以在 XPS 谱图上 399.22 eV 处出现了 N1s 的峰。此外，在 XPS 全谱上的 1 022.04 eV 和 102.31 eV 处分别出现了 Zn2p3 和 Si2p 的峰[23]，证明了 PDMS/ZIF-8 成功包裹在海绵的表面。

【简析】《学术论文编写规则》(GB/T 7713.2—2022)规定:“单位符号与其前面的数值之间应留适当空隙。”但文中N与1s、Zn与2p3、Si与2p中间不是数值与单位的关系,不应留有空隙,图文表述应一致。

案例28

【错例】

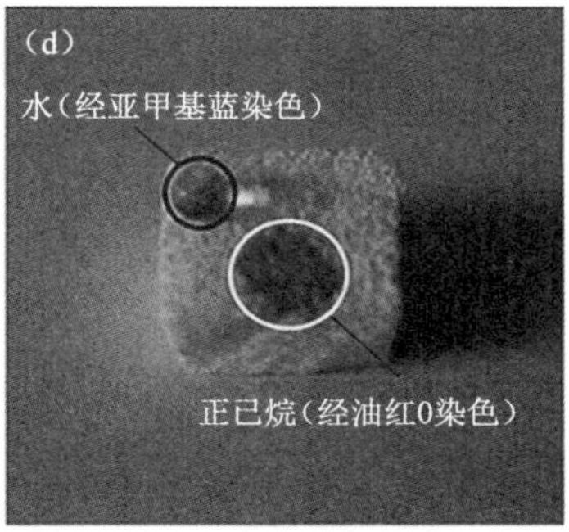

(d) 水和正已烷在海绵
@PDMS/ZIF-8表面的状态

【修改建议】

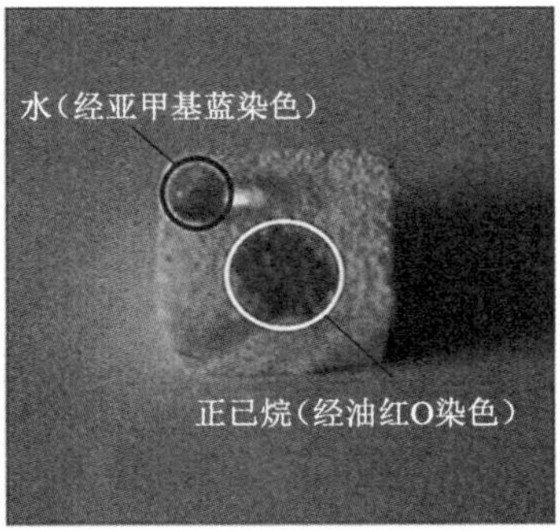

(d) 水和正已烷在海绵
@PDMS/ZIF-8表面的状态

【简析】根据插图内容要求的一致性原则,插图组成要素与论文其他相应部分在形式上应一致,涉及术语、数值、符号等。本例“经油红0染色”中的“0”应与文中一致,图中的“0”改为“O”。

案例 29

【错例】

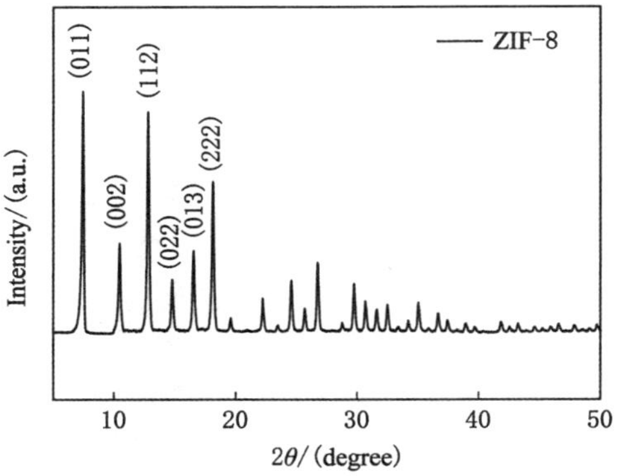

图× ZIF-8 的 XRD 图谱

【修改建议】

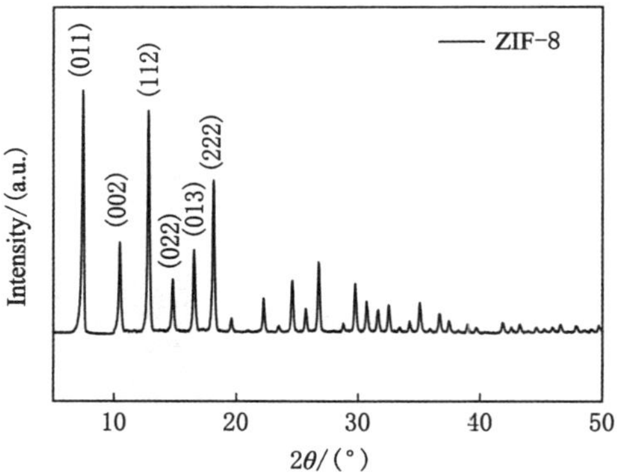

图× ZIF-8 的 XRD 图谱

【简析】《学术论文编写规则》(GB/T 7713.2—2022)规定:“量符号通常为单个拉丁字母或希腊字母,描述传递现象的特征数由 2 个字母组成,并一律用斜体(pH 除外)。”degree 是度数的英文名称,而不是量符号,不能用量名称代替量符号,应改为“°”。并且,当用“°”“′”“″”构成组合单位时,要给其加圆括号“()”。“2θ/(degree)”应改为“2θ/(°)”。

案例 30

【错例】

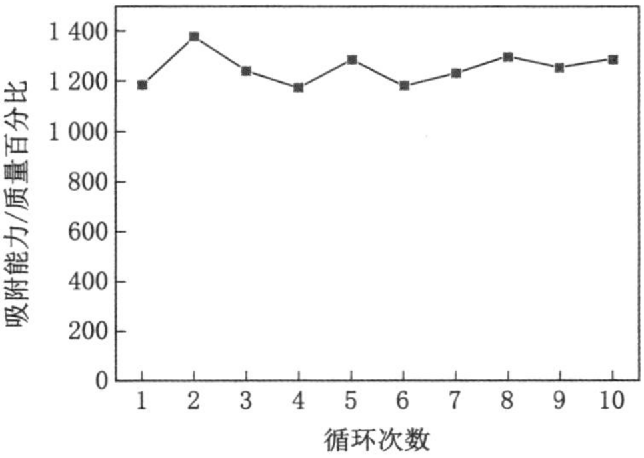

【修改建议】

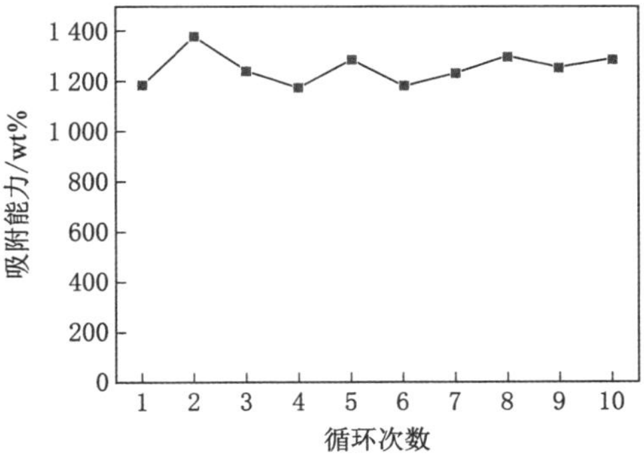

【简析】《学术论文编写规则》(GB/T 7713.2—2022)规定:"量符号通常为单个拉丁字母或希腊字母,描述传递现象的特征数由2个字母组成,并一律用斜体(pH除外)。"质量百分比是中文名称,而不是量符号,不能用量名称代替量符号,应改为质量百分比的符号"wt%"。

案例 31

【错例】

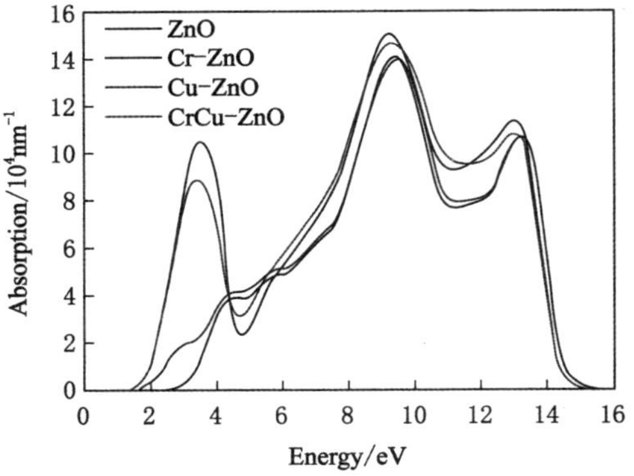

(a)

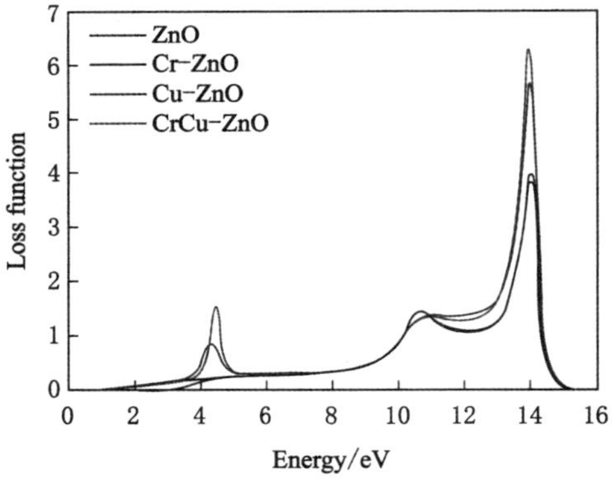

(b)

图× 本征及掺杂氧化锌的吸收光谱(a)和能量损失谱(b)

【修改建议】

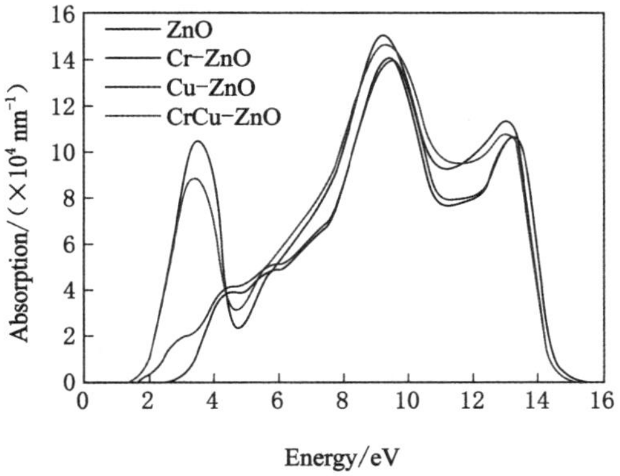

(a) 吸收光谱

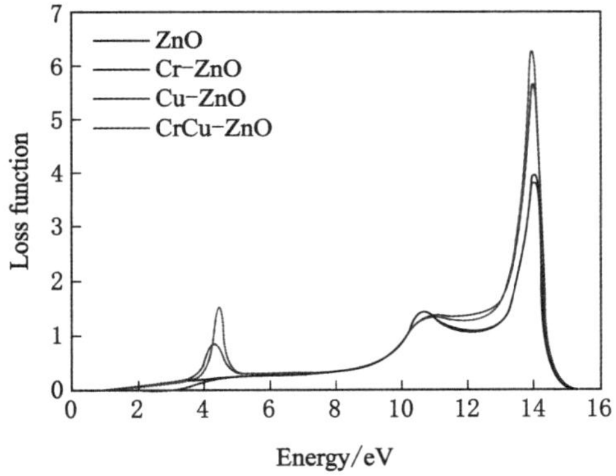

(b) 能量损失谱

图× 本征及掺杂 ZnO 的吸收光谱和能量损失谱

【简析】图题是图的名称，是对插图的整体解释，能够确切反映插图的特定内容，有较好的说明性和专指性。本例中图(a)和图(b)没有分图名，应补充。

案例 32

【错例】

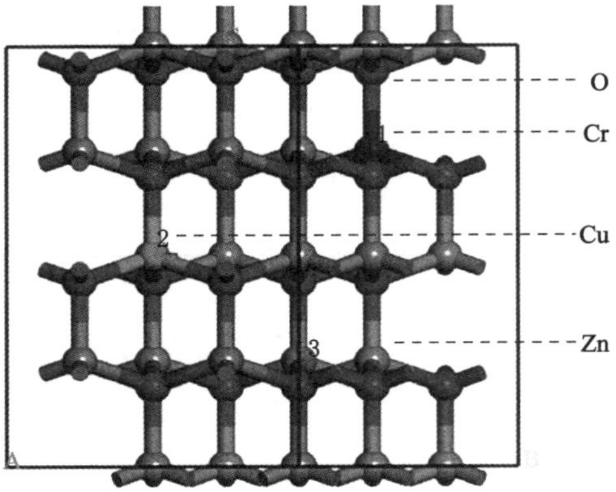

图× Cr、Cu 掺杂 ZnO 超晶胞模型

【修改建议】

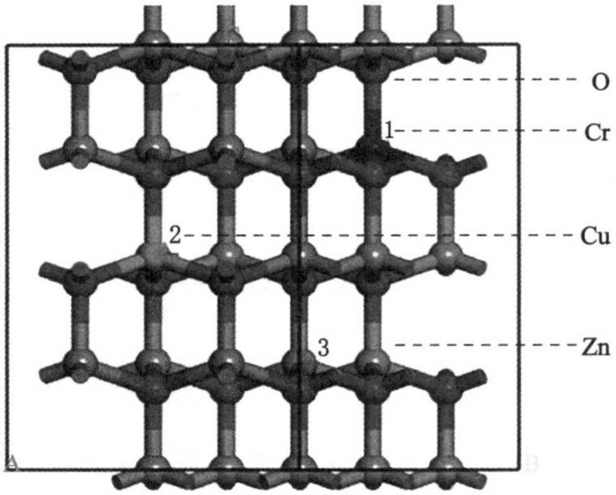

图× Cr、Cu 掺杂 ZnO 超晶胞模型

【简析】插图绘制不够规范，本例图中数字被图形部分遮挡，数字太小不够鲜明，应将数字与图形中间适当留有空隙，这样标注更加分明。

案例 33

【错例】

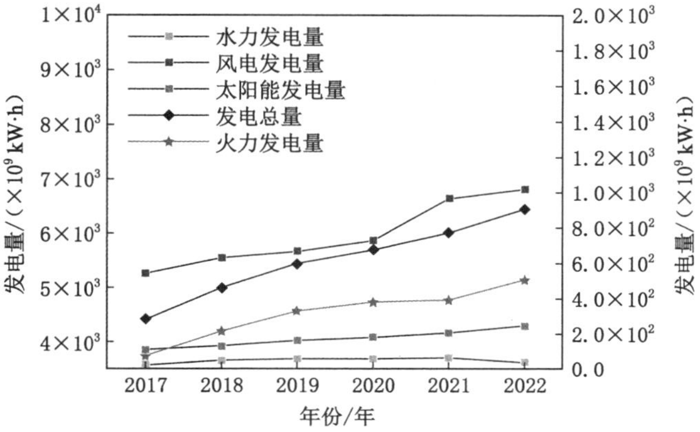

图× 内蒙古 2017—2022 年发电量

【修改建议】

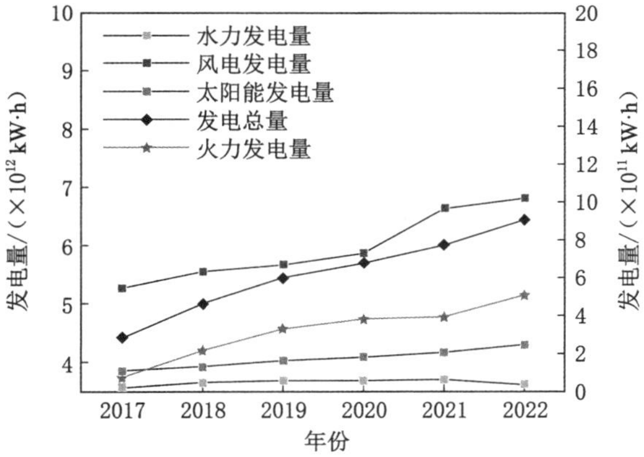

图× 内蒙古 2017—2022 年发电量

【简析】《有关量、单位和符号的一般原则》(GB 3101—1993)中提到,为了避免过大或过小数值,在 SI 的单位中还包括单位的十进倍数和分数单位,它们是由词头加在单位之前构成。在科技论文的量表达中,为了避免过大或过小数值出现,若没有带词头的单位对应,可在单位中加入幂指数,使数值保持在 1～1 000 之间,以便于阅读。

案例 34

【错例】

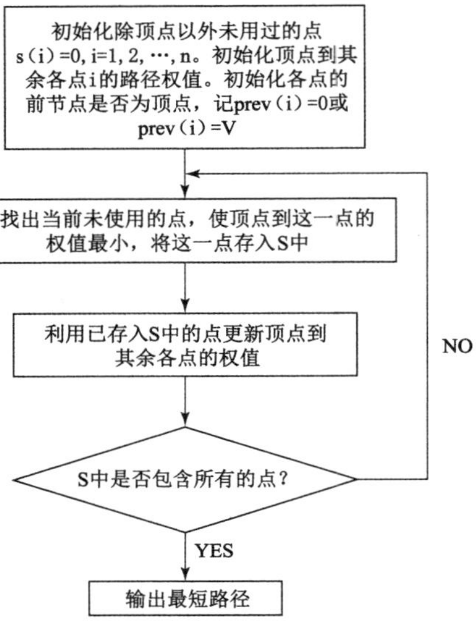

【修改建议】

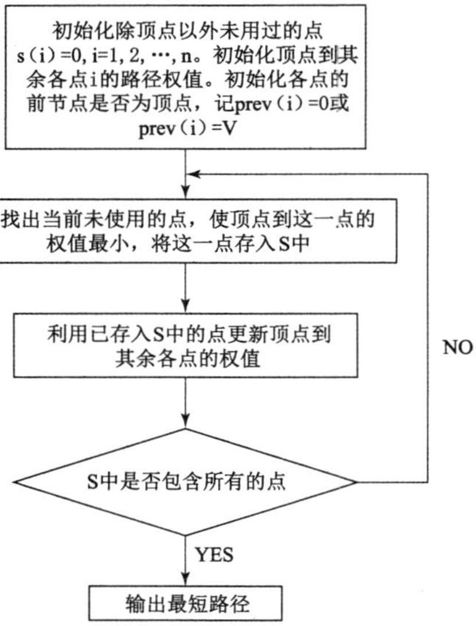

【简析】本例为流程图，菱形框内语句末尾的问号多余，可删除。

案例 35

【错例】

近年来，国内外学者针对饲草加工机械的噪声方面研究表明，该类旋转机械主要噪声源为气动噪声且为旋转噪声[1-2]，国内学者张文杰等……

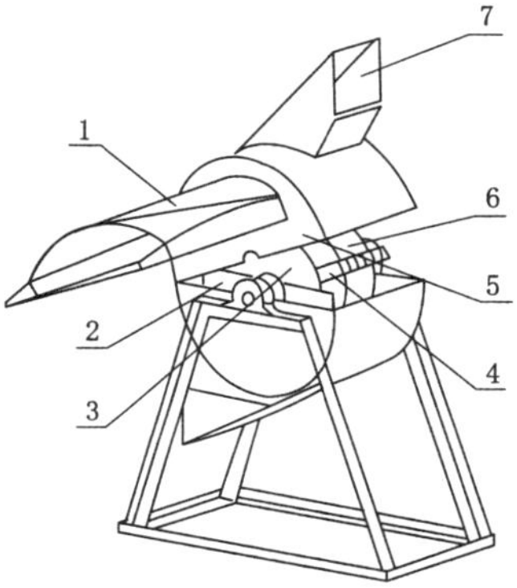

图× 秸秆揉丝机结构示意图

1. 喂料槽 2. 铡刀 3. 锤架板 4. 锤片 5. 机壳(内部装有条) 6. 抛扔叶板 7. 出料管

意大利学者 Brusa E 等……

【修改建议】

近年来，国内外学者针对饲草加工机械的噪声方面研究表明，该类旋转机械主要噪声源为气动噪声且为旋转噪声[1-2]，国内学者张文杰等……，意大利学者 Brusa E 等……

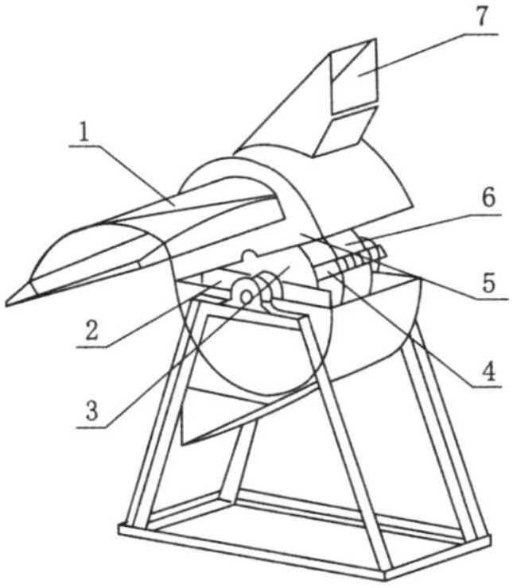

1—喂料槽；2—铡刀；3—锤架板；4—锤片；5—机壳(内部装有条)；6—抛扔叶板；7—出料管。

图× 秸秆揉丝机结构示意图

【简析】插图有自明性，一个完整的插图能准确显示所有必要信息，读者看了插图而不看正文就能获得必要的信息。要求图文结合，按文字来配图，再按图来调整文字，图文相辅相成，互为补充。插图随文排、先见文后见图，插图不要排在段落中间。本例中插图排在段落中间，应调整至本段末。此外，图例标注方式有误，按修改建议修改。

3.4 表格

《学术论文编写规则》(GB/T 7713.2—2022)第 5.5 节中规定：

(1) 表格是论文重要的组成部分，应具有自明性、简明性、规范性和逻辑性，其编排应符合 CY/T 170 的规定。

(2) 表格应有表题，置于表编号之后，并空 1 个汉字的空隙。表编号和表题应置于表格顶线上方，宜居中排。必要时，可将表中的符号、标记、代码及需要说明的事项，用简练的文字，作为表注置于表的下方。表注为多条并需编序号时，宜采用阿拉伯数字加后半圆括号或圈码，置于被注对象的右上角，如 ××××3) 或×××× ④。表注的末尾应加“。”。

(3) 表格应有表头，表头中不准许使用斜线。表格的编排，宜将内容和测试项目由左至右横排，数据依序竖排。

表头栏目的标注应正确、齐全。表格中内容相同的相邻栏或上下栏，应重复写出，或以通栏表示，不应用“同左”“同上”等字样代替。表身中的“空白”表示无此项或未测量，“— ”表示测量过而未发现，“0” 表示实测结果为零。(当“—”可能与代表阴性相混时，可用“…”。)

当表格中某一栏目同时用量和单位表示时，应采用“量的符号或名称/单位符号”的标准化形式，如 c_p/[J/(kg · K)]、质量定压热容/[J/(kg · K)]、CHT/kK(CHT 为临界高温的缩写词)。若全表格所有栏目的单位都相同，宜将共同单位标注在表格的右上方。

(4) 表格宜紧置于首次提及该表编号的正文之后，先见文字后见表。如果某个表格需要转页接排，则应在随后接排该表的表格上方加“表×(续)”或“续表”字样。续表应重复表头。

案例 1

【错例】

表× CuAPSO-34 分子筛的物理性质

Sample	比表面积 (m^2/g)	平均孔容 (cc/g)
SAPO-34	791	0.019
$Cu_{0.03}$APSO-34	640	0.030
$Cu_{0.05}$APSO-34	634	0.056
$Cu_{0.08}$APSO-34	517	0.065
$Cu_{0.10}$APSO-34	557	0.023

【修改建议】“比表面积(m^2/g)”改为“比表面积/($m^2 \cdot g^{-1}$)”,“平均孔容(cc/g)”改为“平均孔容/($cc \cdot g^{-1}$)”。

表× CuAPSO-34 分子筛的物理性质

样品	比表面积/($m^2 \cdot g^{-1}$)	平均孔容/($cc \cdot g^{-1}$)
SAPO-34	791	0.019
$Cu_{0.03}$APSO-34	640	0.030
$Cu_{0.05}$APSO-34	634	0.056
$Cu_{0.08}$APSO-34	517	0.065
$Cu_{0.10}$APSO-34	557	0.023

【简析】《有关量、单位和符号的一般原则》(GB 3101—1993)中规定:“为了区别量本身和用特定单位表示的量的数值,尤其在图表中用特定单位表示的量的数值,可用‘量与单位的比值表示’”。本例中采用“量(单位)”的方式,不符合国际规定,也无法显示量、单位和数值的相互运算关系。《量和单位》对由两个或两个以上单位相除构成的组合单位,规定其书写规则为:在用斜线表示相除时,分母中包含两个或两个以上单位符号时,整个分母一般应加括号,单位符号中的斜线(/)不得超过一条。因此,本例中比表面积(m^2/g)应改为表面积/($m^2 \cdot g^{-1}$),平均孔容(cc/g)应改为平均孔容/($cc \cdot g^{-1}$)。

案例 2

【错例】

表× 场景二、三成本对比

项目(单位:万元)	场景二	场景三
设备运维成本	41.93	42
碳处理成本	27.71	27.6
能源购买成本	77.45	77.15
弃风、弃光成本	3.01	2.52
总成本	150.1	149.27

【修改建议】一是表中所有项目的单位相同,宜标注在表格右上方;表中数字需按小数点或位数对齐。

表× 场景二、三成本对比　　单位:万元

项目	场景二	场景三
设备运维成本	41.93	42.00
碳处理成本	27.71	27.60
能源购买成本	77.45	77.15
弃风、弃光成本	3.01	2.52
总成本	150.10	149.27

【简析】《学术论文编写规则》(GB/T 7713.2—2022)规定:"当表格中某一栏目同时用量和单位表示时,应采用'量的符号或名称/单位符号'的标准化形式。若全表格所有项目的单位都相同,宜将共同单位标注在表格右上方。"本例中表格中各项目单位都相同,应置于表格右上方。表身中同一标目的数值的修约位数应一致,数值修约和极限数值的书写应符合《数值修约规则与极限数值的表示和判定》(GB/T 8170—2008)。本例中表中数值应按同一标目处理,小数点后保留的位数应相同,不足的位数以"0"补齐。

案例 3

【错例】

表× 现有信任熵的性质概述

定义	概率一致性	集合一致性	范围	次可加性	可加性
Höhle[14]	√	×	√	×	√
Yager[15]	√	×	√	×	√
Dubois-Prade[13]	×	√	√	√	√
Klir-Ramer[16]	√	√	×	×	√
Klir-Parviz[17]	√	√	×	×	√
Joussselme et al[18]	√	√	√	×	√
Jiroušek-Shenoy[26]	√	×	×	×	√
Deng[20]	√	×	×	×	×
Pan-Deng[23]	√	×	×	×	×
新信任熵	×	×	√	×	×

【修改建议】

表× 现有信任熵的性质概述

定义	概率一致性	集合一致性	范围	次可加性	可加性
Höhle[14]	√	×	√	×	√
Yager[15]	√	×	√	×	√
Dubois-Prade[13]	×	√	√	√	√
Klir-Ramer[16]	√	√	×	×	√
Klir-Parviz[17]	√	√	×	×	√
Joussselme et al[18]	√	√	√	×	√
Jiroušek-Shenoy[26]	√	×	×	×	√
Deng[20]	√	×	×	×	×
Pan-Deng[23]	√	×	×	×	×
新信任熵	×	×	√	×	×

注:“√”表示满足,“×”表示不满足。

【简析】本例中,表格并未对“√”和“×”代表的意义加以解释,所以应加表注解释其具体含义。表注可以起到对表格或表格中某些内容加以注释或说明的作用,表注一般排在表格的下方。

案例 4

【错例】

表× 不良地质条件统计(m)

		博牙公路	室拉公路	伊柴公路
融沉	弱融沉	3380	6980	398
	融沉	12710	22360	/
	强融沉	3100	/	3381
	融陷	/	/	/
冻胀	弱冻胀	/	/	14475
	冻胀	/	/	21896
	强冻胀	/	/	7207
	特强冻胀	/	/	620

【修改建议】

表× 不良地质条件统计

单位:m

地质条件		博牙公路	室拉公路	伊柴公路
融沉	弱融沉	3 380	6 980	398
	融沉	12 710	22 360	—
	强融沉	3 100	—	3 381
	融陷	—	—	—
冻胀	弱冻胀	—	—	14 475
	冻胀	—	—	21 896
	强冻胀	—	—	7 207
	特强冻胀	—	—	620

【简析】《学术论文编写规则》(GB/T 7713.2—2022)规定:“当表格中某一栏目同时用量和单位表示时,应采用‘量的符号或名称/单位符号’的标准化形式。若全表格所有项目的单位都相同,宜将共同单位标注在表格右上方。”本例中表格中各项目单位都相同,单位不应放在表题后面,而应置于表格右上方。表头栏目不应空缺,应补齐“地质条件”。表身中的“/”改为“—”,表示未发现。超过 999 的数值应 3 位 1 空。

案例 5

【错例】

表× 筋材力学性能

筋材类型	直径 d_b/mm	弹性模量 E_f/GPa	极限抗拉强度 f_{fu}/MPa	断裂伸长率 ε_{fu}/%
BFRP 筋	8	52.1	1203	2.40
	10	49.1	1094	2.43
	12	53.6	1405	2.63
	16	47.6	960	2.10
GFRP 筋	16	49.7	915	1.89
钢筋	16	201	f_y=457	0.28

【修改建议】

表× 筋材力学性能

筋材类型	直径 d_b/mm	弹性模量 E_f/GPa	极限抗拉强度 f_{fu}/MPa	断裂伸长率 ε_{fu}/%
BFRP 筋	8	52.1	1203	2.40
	10	49.1	1094	2.43
	12	53.6	1405	2.63
	16	47.6	960	2.10
GFRP 筋	16	49.7	915	1.89
钢筋	16	201	f_y=457	0.28

【简析】本例为三线表，由于数据较多且分类不明显，应添加辅助线将相关数据进行分隔，这样修改后更加清晰明了。

案例 6

【错例】

表× 氮氧化物排放量与大气自净能力对比汇总表（万吨）

年限	2013	2014	2015	2016	2017	2018	2019	2020
排放量	137.76	125.83	113.90	64.53	70.16	73.86	74.27	74.37
自净能力	71.62	71.87	72.12	72.37	72.63	72.88	73.14	73.39

数据来源：中国统计年鉴及计算结果

【修改建议】

表× 氮氧化物排放量与大气自净能力对比汇总表 单位：万吨

年份	2013	2014	2015	2016	2017	2018	2019	2020
排放量	137.76	125.83	113.90	64.53	70.16	73.86	74.27	74.37
自净能力	71.62	71.87	72.12	72.37	72.63	72.88	73.14	73.39

数据来源：中国统计年鉴及计算结果。

【简析】《学术出版规范 表格》(CY/T 170—2019)规定："表头是对表格各行和各列单元格内容进行概括和提示的栏目。表头中的栏目应归类正确，栏目名称应确切、简洁。"本例中"年限"是第一列栏目的名称，但是不能确切地表达出栏目的意义，应修改"年份"。表身中所有单位都相同，宜标注在表格的右上方。表注应加上标点符号"。"。

案例 7

【错例】

表× 故障风险评价指标及其评分标准

等级	停工时间 t		维修费用		维修难易		安全性		发生事故概率	
	描述	评分	描述	评分	描述	评分	描述	评分	描述	评分
1	t≤4	1－3	≤500	1－2	简单维修	1	没事故	1	≤20%	1－2
2	4～24	4－5	500～2000	3－5	中等维修	2－4	较轻事故	2－4	20～40	3－4
3	24～48	6－7	2000～10000	6－8	高等维修	5－7	较重事故	5－7	40～60	5－6
4	48～36	8－9	>10000	9－10	难修复	8－9	严重事故	8－9	60～80	7－8
5	t>36	10			无法修复	10	灾难事故	10	>80%	9－10

【修改建议】

表× 故障风险评价指标及其评分标准

等级	停工时间 t		维修费用/元		维修难易		安全性		发生事故概率/%	
	描述	评分	描述	评分	描述	评分	描述	评分	描述	评分
1	0～<4	1～3	0～<500	1～2	简单维修	1	没事故	1	0～<20	1～2
2	4～<24	4～5	500～<2 000	3～5	中等维修	2～4	较轻事故	2～4	20～<40	3～4
3	24～<36	6～7	2 000～<10 000	6～8	高等维修	5～7	较重事故	5～7	40～<60	5～6
4	36～<48	8～9	≥10 000	9～10	难修复	8～9	严重事故	8～9	60～<80	7～8
5	≥48	10			无法修复	10	灾难事故	10	≥80	9～10

【简析】《学术论文编写规则》(GB/T 7713.2—2022)规定:“科学计量中的数值修约和极限数值的表示和判定,应符合 GB/T 8170 给出的规则。连续性数据分组时.每组数据的量值范围应准确表示,如长度 0～20 m 平均分为 4 组,应写作 0～<5 m、5～<10 m、10～<15 m、15～20 m,也可写作[0,5)m、[5,10)m、[10,15)m、[15,20]m,但不应写作 0～5 m、5～10 m、10～15 m、15～20 m。”本例中“描述”栏目中均违反了此项规定,所以应按照修改建议中格式修改。

案例 8

【错例】

表× 移动机器人的具体参数

组成部分	质量/kg	半径尺寸/m	高度/m	颜色/rgba
左轮	0.25	0.025	0.015	rgba="0 0 1 1"
右轮	0.25	0.025	0.015	rgba="0 0 1 1"
支撑块	1	0.15	0.05	rgba="0.7 0.7 0.7 1"
IMU 模块	0.05	0.02	0.02	rgba="0 0 1 1"
激光雷达	0.1	0.03	0.06	rgba="0 0 1 1"

【修改建议】

表× 移动机器人的具体参数

组成部分	质量/kg	半径尺寸/m	高度/m	颜色
左轮	0.25	0.025	0.015	完全不透明蓝色
右轮	0.25	0.025	0.015	完全不透明蓝色
支撑块	1	0.15	0.05	完全不透明灰色
IMU 模块	0.05	0.02	0.02	完全不透明蓝色
激光雷达	0.1	0.03	0.06	完全不透明蓝色

【简析】rgba 是颜色的标值，意思是"red-green-blue-alpha"，它是在 rgb 上扩展了 alpha 通道，对颜色值设置透明度。原表中将“颜色”等同于量名称，“rgba”等同于颜色的单位符号，用“量的符号或名称/单位符号”的标准化形式显然是不合适的。经与作者沟通，此列直接改成具体颜色，方便读者理解。

案例 9

【错例】

表× 视线分析指标

视线分析指标	算法原理	指标意义
视域面积 (Isovist Area)	某一视点可视范围内面积	视域面积越大则该视点的空间感受越开阔
参差度 (Jaggedness)	视域周长的平方除以视域面积	数值越大则空间越复杂不规律
偏移角度 (Drift Angle)	视域形心与路径前进方向的夹角	数值越大则对人吸引性越强

注：资料来源于 Dawes M J，Ostwald M J. Prospect-Refuge theory and the textile-block houses of Frank Lloyd Wright：An analysis of spatio-visual characteristics using isovists[J]. Building and Environment，2014，80：230.

【修改建议】

表× 视线分析指标

视线分析指标	算法原理	指标意义
视域面积 (Isovist Area)	某一视点可视范围内面积	视域面积越大则该视点的空间感受越开阔
参差度 (Jaggedness)	视域周长的平方除以视域面积	数值越大则空间越复杂、越不规律
偏移角度 (Drift Angle)	视域形心与路径前进方向的夹角	数值越大则对人的吸引性越强

注：资料来源于参考文献[13]。

【简析】《学术出版规范 表格》(CY/T 170—2019)规定，“表注是对表格或表格中某些内容加以注释或说明的文字”“表格出处注宜以资料来源引出”。本例中出处注用法正确，但是出处标明来源于哪个参考文献即可，不用将整个参考文献具体内容在此处注明。

案例 10

【错例】

表× 所制备催化剂的不同 Cu 物种的 H_2 消耗量

催化剂	耗氢量/μmol				
	total	ZCuOH	CuO	Z_2Cu	Cu^+
0.25Cu-SAPO-34	191.3	81.1	92.7	1.4	16.2
0.2Cu-SAPO-34	261.8	164.1	10.1	14.1	73.5
0.1Cu-SAPO-34	163.4	103.1	0	3.8	56.4
0.05Cu-SAPO-34	88.8	24.8	0	22.0	42.0

【修改建议】

表× 所制备催化剂的不同 Cu 物种的 H_2 消耗量

催化剂	耗氢量/μmol				
	总量	ZCuOH	CuO	Z_2Cu	Cu^+
0.25Cu-SAPO-34	191.3	81.1	92.7	1.4	16.2
0.2Cu-SAPO-34	261.8	164.1	10.1	14.1	73.5
0.1Cu-SAPO-34	163.4	103.1	0	3.8	56.4
0.05Cu-SAPO-34	88.8	24.8	0	22.0	42.0

【简析】表头中出现中文和英文两种语种，按照规范一致原则，表头中用一种语种表示，将“total”改成中文“总量”。

案例 11

【错例】

表× 不同材料的扩散系数 D

D(cm2/h)	10B	10BD	10BF
铅-800	$1.74 * 10^{-4}$	$1.22 * 10^{-4}$	$9.58 * 10^{-5}$
铅-1600	$5.36 * 10^{-4}$	$8.28 * 10^{-4}$	$3.19 * 10^{-4}$
苯酚-500	$5.21 * 10^{-3}$	$5.44 * 10^{-4}$	$3.3 * 10^{-3}$
苯酚-3000	$7.19 * 10^{-3}$	$2.07 * 10^{-3}$	$5.35 * 10^{-3}$

【修改建议】

表×　不同材料的扩散系数 *D*

$D/(\mathrm{cm}^2 \cdot \mathrm{h}^{-1})$	10B	10BD	10BF
铅-800	1.74×10^{-4}	1.22×10^{-4}	9.58×10^{-5}
铅-1600	5.36×10^{-4}	8.28×10^{-4}	3.19×10^{-4}
苯酚-500	5.21×10^{-3}	5.44×10^{-4}	3.3×10^{-3}
苯酚-3000	7.19×10^{-3}	2.07×10^{-3}	5.35×10^{-3}

【简析】表头标目的标准形式是量与单位之比(量的名称或符号/单位符号),单位为复合单位时,宜用负指数加括号的整体形式,本例中表头"D(cm2/h)"是复合单位,改为 $D/(\mathrm{cm}^2 \cdot \mathrm{h}^{-1})$,"D"为量符号,应改为斜体,"cm2"改为 cm^2,表格中宜采用数学符号"×"而不用"*"。

案例 12

【错例】

表×　土样颗粒分析试验成果统计表

土样	粒径(mm)							
	20 ～ 2.00	2.00 ～ 0.50	0.50 ～ 0.25	0.25 ～ 0.075	0.075 ～ 0.05	0.05 ～ 0.01	0.01 ～ 0.005	<0.005
粉土	0～ 1.6	0.8～ 7.1	7.1～ 15.0	26.9～ 42.2	4.0～ 15.6	29.2～ 42.0	1.3～ 4.1	2.5～ 5.3
粉砂	0～ 3.9	4～ 19.5	9.3～ 32.3	33.3～ 56.7	17.7～ 33.7	0	0	0

【修改建议】

表×　土样颗粒分析试验成果统计表

土样	粒径/mm							
	20～2.00	2.00～0.50	0.50～0.25	0.25～0.075	0.075～0.05	0.05～0.01	0.02～0.005	<0.005
粉土	0～1.6	0.8～7.1	7.1～15.0	26.9～42.2	4.0～15.6	29.2～42.0	1.3～4.1	2.5～5.3
粉砂	0～3.9	4～19.5	9.3～32.3	33.3～56.7	17.7～33.7	0	0	0

【简析】《学术论文编写规则》(GB/T 7713.2—2022)规定:"表头中量和单位的标注形式应为'量的名称或符号/单位符号'。"本例中表头粒径(mm)应改

为粒径/mm。表身中数据较简单，可以去掉栏目中间的辅助线，修改后表格更加简洁。

案例 13

【错例】

表× 原料的化学成分

成分	Al_2O_3	SiO_2	CaO	Fe_2O_3	SO_3	CO_2	MgO	Cr_2O_3	MnO	loss
煤矸石	38.84	42.75	0.09	0.11	0.27	/	0.03	/	/	17.01
电石渣	0.22	0.63	74.96	0.05	/	/	/	/	/	23.97
钢渣	7.11	16.93	33.76	26.30	0.83	/	3.74	2.18	2.55	4.37
二水石膏	/	/	32.49	/	46.42	/	/	/	/	20.89
碳酸钙	/	/	54.98	/	/	43.17	/	/	/	/

Loss：烧失量

【修改建议】

表× 原料的化学成分

单位：wt.%

成分	Al_2O_3	SiO_2	CaO	Fe_2O_3	SO_3	CO_2	MgO	Cr_2O_3	MnO	Loss
煤矸石	38.84	42.75	0.09	0.11	0.27	—	0.03	—	—	17.01
电石渣	0.22	0.63	74.96	0.05	—	—	—	—	—	23.97
钢渣	7.11	16.93	33.76	26.30	0.83	—	3.74	2.18	2.55	4.37
二水石膏	—	—	32.49	—	46.42	—	—	—	—	20.89
碳酸钙	—	—	54.98	—	—	43.17	—	—	—	—

注：Loss 为烧失量。

【简析】《学术论文编写规则》（GB/T 7713.2—2022）和《学术出版规范 表格》（CY/T 170—2019）规定：表注宜排在表格底线下方。排字宽度不宜超过表格宽度，首行距左墙线一字空或两字空排。不应与正文注释混同编排。全表注的注文如果多于一条，各条之前宜加上用阿拉伯数字表示的序号。每条注文应独立排为一段，末尾用句号。内容注的注文可分项接排，也可独立排为一段，注末应用句号。本例中表注后未加标点符号，文字前也没加“注”字，应修改为句首加“注”、句尾加句号。表格中用空白或符号区分数据，空白表示数据不适用或不存在，一字线表示数据无法、未获取得或不便表达，本例中符号用“/”表达是不正确的，应改为一字线。

案例 14

【错例】

表× 负载平台机构液压元件参数

名称	参数
液压泵排量(L/min)	12.5
电机转速(r/min)	1000
溢流阀压力(MPa)	7
液压缸活塞直径(mm)	100
液压缸活塞杆直径(mm)	70
液压缸行程(mm)	1200
节流阀开度	20%

【修改建议】

表× 负载平台机构液压元件参数

名称	参数
液压泵排量/(L·min^{-1})	12.5
电机转速/(r·min^{-1})	1 000
溢流阀压力/MPa	7
液压缸活塞直径/mm	100
液压缸活塞杆直径/mm	70
液压缸行程/mm	1 200
节流阀开度/%	20

【简析】表头标目的标准形式是量与单位之比(量的名称或符号/单位符号),单位为复合单位时,宜用负指数加括号的整体形式,本例中量的名称和单位符号之间用"/",而不是用"()"。表格数据有大于999的整数1000和1200,宜采用三位分节法分节,改为1 000和1 200。

案例 15

【错例】

表× 复合材料室温和 650℃ 下的拉伸性能。

	Room temperature			650℃		
	UTS/MPa	YS/MPa	δ/%	UTS/MPa	YS/MPa	δ/%
As-cast	943.6	834.8	5.7	621.6	593.2	14.7
IMDF1070℃	1 081.4	991.3	9.1	677.4	637.3	22.8
IMDF1010℃	1 178.5	1 104.1	11.2	709.3	673.5	25.7

【修改建议】

表× 复合材料室温和 650 ℃ 下的拉伸性能

Conditions	Room temperature			650 ℃		
	UTS/MPa	YS/MPa	δ/%	UTS/MPa	YS/MPa	δ/%
As-cast	943.6	834.8	5.7	621.6	593.2	14.7
IMDF1070℃	1 081.4	991.3	9.1	677.4	637.3	22.8
IMDF1010℃	1 178.5	1 104.1	11.2	709.3	673.5	25.7

【简析】《学术出版规范 表格》(CY/T 170—2019)规定:"表头是对表格各行和各列单元格内容进行概括和提示的栏目。表头中的栏目应归类正确,栏目名称应确切、简洁。"但在本例中第一列的表头缺失,应加入可以概括栏目的表头"conditions"。

案例 16

【错例】

表× 内蒙古风光资源

时间	2022	2021	2020	2019	2018
太阳能发电量(单位:10^9 kW·h)	244	204	180	160	129
太阳能发电装机容量(单位:10^9 kW)	1 478	1 412	1 237	1 051	946
年日照时数(单位:h)	2 789.1	2 734.3	2 817.8	2 740.8	2 588.2
平均温度(单位:℃)	7.7	7.7	7	7.3	7.3
平均风速(单位:m·s)	3	2.9	2.8	2.8	3
风力发电量(单位:10^9 kW·h)	1 020	967	726.29	665.8	630.99
风能发电装机容量(单位:10^5 kW)	4 564	3 996	3 786	2 920	2 868

【修改建议】

表× 内蒙古 2018—2022 年能源弹性系数

年份	全区年生产总值/亿元	GDP 年增长/%	年发电量/($\times 10^9$ kW·h)	发电年增长率/%	能源弹性系数
2018	17 289.2	5.3	5 003	13.1	2.47
2019	17 212.5	5.2	5 446	8.9	1.71
2020	17 360.0	0.2	5 693	4.6	23.00
2021	20 514.2	6.3	5 999	5.4	0.86
2022	23 159.0	4.2	6 440	7.4	1.76

【简析】《学术出版规范 表格》(CY/T 170—2019)规定:“表头是对表格各行和各列单元格内容进行概括和提示的栏目。表头中的栏目应归类正确,栏目名称应确切、简洁。”横、纵表头应统筹安排,横表头常用来列示研究对象的有关特征或指标,纵表头列示研究对象的名称和分类,本例中横、纵表头安排不合理,调换一下横、纵表头,同一栏目内数值对比突出,表格呈现更加直观,设置较原文科学、规范。

案例 17

【错例】

表× 正交因素表

因素	pH 值	投加量 g/L	温度℃	比例	时间 min
1	6	10	25	1/1	2
2	7	15	30	1/2	4
3	8	20	40	2/3	6
4	19	25	50	2/5	8
5	10	30	60	3/2	10

【修改建议】

表× 正交因素表

因素	pH 值	投加量/(g·L^{-1})	温度/℃	比例	时间/min
1	6	10	25	1∶1	2
2	7	15	30	1∶2	4
3	8	20	40	2∶3	6
4	19	25	50	2∶5	8
5	10	30	60	3∶2	10

【简析】《学术出版规范 表格》(CY/T 170—2019)规定:"表格中的术语、数值、符号等应与正文以及同一文本中其他表格中的表述一致。"本例中表格第5列数学符号不应用"/"表示比例关系,应改为"∶"。表头标目的标准形式是量与单位之比(量的名称或符号/单位符号),单位为复合单位时,宜用负指数加括号的整体形式,本例中表头标注形式应改为"量的名称或符号/单位符号"格式。

案例 18

【错例】

表× 矿石多元素化学分析(%)

元素	Cu	Pb	Zn	Fe	S	Sb	Au
含量	2.52	0.0065	0.080	5.97	1.82	<0.01	0.1
元素	SiO_2	CaO	MgO	Al_2O_3	K_2O	Bi	Ag
含量	62.13	4.88	4.35	11.37	0.15	<0.01	1.0

备注:Au、Ag单位为g/t。

【修改建议】

表× 矿石多元素化学分析 单位:%

元素	含量	元素	含量	元素	含量	元素	含量
Cu	2.52	Pb	0.006 5	Zn	0.080	Fe	5.97
S	1.82	Sb	<0.01	Au	0.10	SiO_2	62.13
CaO	4.88	MgO	4.35	Al_2O_3	11.37	K_2O	0.15
Bi	<0.01	Ag	1.00				

注:Au、Ag单位为g/t。

【简析】《学术论文编写规则》(GB/T 7713.2—2022)规定:"当表格中某一栏目同时用量和单位表示时,应采用'量的符号或名称/单位符号'的标准化形式。若全表格所有项目的单位都相同,宜将共同单位标注在表格右上方。"本例中表格中各项目单位都相同,单位不应放在表题后面,而应置于表格右上方。本例中还缺横表头,例中表头不能概括和提示各行、各列的内容,应调整表格添加横表头。

案例 19

【错例】

表× 模型关键参数

图像块尺寸	迭代轮次	每个迭代的图像块数量	每批次的图像块数量
320	25	250	3

【修改建议】模型关键参数:图像块尺寸 320,迭代轮次 25,每个迭代的图像块数量 250,每批次的图像块数量 3。

【简析】对简单表格,能用文字表达清楚或有更好的效果时,可改用文字而将表格删除。本例中表格内容和结构都很简单,用文字表达更加直截了当。

案例 20

【错例】

表× 预测值与误差检查表

样品	抗压强度(MPa)		误差(MPa)	相对误差(%)
	实验值	预测值		
1	60.31	60.31	0.00	0.00
2	47.50	44.05	−3.45	−0.07
3	45.28	49.58	4.37	0.10
4	36.89	55.37	18.52	0.50
5	56.41	43.75	−12.66	−0.22
6	54.23	47.79	−6.42	−0.12
7	50.17	55.07	5.04	0.10
8	46.27	58.86	12.69	0.27
9	50.11	48.99	−1.13	−0.02
10	52.32	54.77	2.47	0.05
11	59.23	57.07	−2.15	−0.04
12	61.22	62.60	1.43	0.02
13	47.67	54.47	6.90	0.15
14	56.58	58.27	1.77	0.03
15	49.27	62.31	13.11	0.27
16	53.38	66.35	13.06	0.24
	Average relative error		6.57%	

【修改建议】

表× 预测值与误差检查表

样品	抗压强度/MPa		误差/MPa	相对误差/%
	实验值	预测值		
1	60.31	60.31	0	0
2	47.50	44.05	−3.45	−0.07
3	45.28	49.58	4.37	0.10
4	36.89	55.37	18.52	0.50
5	56.41	43.75	−12.66	−0.22
6	54.23	47.79	−6.42	−0.12
7	50.17	55.07	5.04	0.10
8	46.27	58.86	12.69	0.27
9	50.11	48.99	−1.13	−0.02
10	52.32	54.77	2.47	0.05
11	59.23	57.07	−2.15	−0.04
12	61.22	62.60	1.43	0.02
13	47.67	54.47	6.90	0.15
14	56.58	58.27	1.77	0.03
15	49.27	62.31	13.11	0.27
16	53.38	66.35	13.06	0.24
平均相对误差/%			6.57	

【简析】三线表头中加入竖栏线，不符合三线表的要求，应去掉表头中的竖栏线。第一栏中有两类信息样品和平均相对误差，栏名用“样品”不合适，概括不了“平均相对误差”，可在“平均相对误差”所在行上方加一贯穿表格左右的辅助线加以分隔。表头中栏目名称都用的中文，而在最后一行用英文“Average relative error”表示不合适，应改为中文，与表中其他栏目语种一致。

案例 21

【错例】

表× 矿物定量结果(%)

矿物名称	相对含量
黄铜矿	2.6
斑铜矿、辉铜矿、铜蓝	2.1
孔雀石	0.3
黄铁矿	2.9
赤铁矿、磁铁矿	3.6
闪锌矿、方铅矿等	<0.1
泥质、绿泥石、绢云母等	25.0
白云石、方解石等	5.5
石英、长石等	57.9
合计	100.0

【修改建议】

表× 矿物定量结果 单位:%

矿物名称	相对含量	矿物名称	相对含量
黄铜矿	2.6	闪锌矿、方铅矿等	<0.1
斑铜矿、辉铜矿、铜蓝	2.1	泥质、绿泥石、绢云母等	25.0
孔雀石	0.3	白云石、方解石等	5.5
黄铁矿	2.9	石英、长石等	57.9
赤铁矿、磁铁矿	3.6	合计	100.0

【简析】本例是纵表头项目较多,行多栏少,竖长横窄,全表呈上下高、左右窄的状态,且单栏有充足的排版空间,可将其转栏而排成折栏表,两并列部分中间以双竖细线分隔。

案例 22

【错例】

表× 两种方法生成地图时间及 CPU 平均占用率比较

组成部分	Gmapping 算法	Cartographer 算法
环境建图时间	9 min 21 s	8 min 27 s
CPU 平均占用率	44.5%	68%

【修改建议】

表× 两种方法生成地图时间及 CPU 平均占用率比较

比较项目	Gmapping 算法	Cartographer 算法
环境建图时间/s	561	507
CPU 平均占用率/%	44.5	68.0

【简析】原表中涉及时间采用“min”和“s”两种时间单位，显然不妥。修改后采用统一的时间单位“s”，并简化表格，将量名称、量符号和单位符号合并到一列，将原来的“组成部分”改成“比较项目”、原数值“68”改成“68.0”，从而规范表格。

案例 23

【错例】

表× AUV 动力学参数

模型参数	数值	模型参数	数值
m	50kg	$M_{\dot{q}}$	−5.97kg·m^2
X_u	−14.85kg/s	$X_{u\|u\|}$	−7.04kg/m
$X_{\dot{u}}$	−2.77kg	$Z_{w\|w\|}$	−155.82kg/m
Z_w	−51.33kg/s	$M_{q\|q\|}$	−4.28kg·m^2/rad^2
$Z_{\dot{w}}$	−54.03kg	M_q	−26.14kg·m^2/(s·rad)
I_y	8.09kg·m^2	L	1.6m

【修改建议】

表× AUV 动力学参数

模型参数	数值	模型参数	数值
m/kg	50	$M_{\dot{\mathrm{q}}}$/(kg·m^2)	−5.97
X_{u}/(kg·s^{-1})	−14.85	$X_{\mathrm{u\|u\|}}$/(kg·m^{-1})	−7.04
$X_{\dot{\mathrm{u}}}$/kg	−2.77	$Z_{\mathrm{w\|w\|}}$/(kg·m^{-1})	−155.82
Z_{w}/(kg·s^{-1})	−51.33	$M_{\mathrm{q\|q\|}}$/(kg·m^2·rad^{-2})	−4.28
$Z_{\dot{\mathrm{w}}}$/kg	−54.03	M_{q}/[kg·m^2·(s·rad)$^{-1}$]	−26.14
I_{y}/(kg·m^2)	8.09	L/m	1.6

【简析】表格中量值的单位符号不宜表示在说明栏中，而应表示在项目栏中。本例应保留具体数值，而将其中单位符号和参数中的量符号组合，按标目的形式放在模型参数中。

案例 24

【错例】

表× 模型参数

试验温度(℃)	粘粒含量(%)	a	模量比 E_s/E	b	相关系数 r^2
−0.2	10	0.146	0.596	1.241	0.997
	12	0.844	0.566	0.817	0.999
	15	0.536	0.452	0.917	0.999
	20	1.081	0.405	0.793	0.998
−0.5	10	0.082	0.594	1.146	0.950
	12	1.541	0.552	0.880	0.998
	15	0.954	0.538	0.540	0.987
	20	0.630	0.373	0.630	0.990
−1.0	10	1.664	0.485	0.384	0.980
	12	2.853	0.471	0.223	0.920
	15	2.925	0.454	0.215	0.900
	20	1.822	0.455	0.184	0.970
−1.5	10	0.289	0.383	0.219	0.992
	12	0.429	0.365	0.219	0.992
	15	0.351	0.351	0.090	0.989
	20	0.519	0.100	0.058	0.999

【修改建议】

表× 模型参数

试验温度/℃	黏粒含量/%	a	模量比 E_s/E	b	相关系数 r^2
−0.2	10	0.146	0.596	1.241	0.997
	12	0.844	0.566	0.817	0.999
	15	0.536	0.452	0.917	0.999
	20	1.081	0.405	0.793	0.998
−0.5	10	0.082	0.594	1.146	0.950
	12	1.541	0.552	0.880	0.998
	15	0.954	0.538	0.540	0.987
	20	0.630	0.373	0.630	0.990

表×（续）

试验温度/℃	黏粒含量/%	a	模量比 E_s/E	b	相关系数 r^2
−1.0	10	1.664	0.485	0.384	0.980
	12	2.853	0.471	0.223	0.920
	15	2.925	0.454	0.215	0.900
	20	1.822	0.455	0.184	0.970
−1.5	10	0.289	0.383	0.219	0.992
	12	0.429	0.365	0.219	0.992
	15	0.351	0.351	0.090	0.989
	20	0.519	0.100	0.058	0.999

【简析】三线表是一种经过简化和改造的全线表，但它不一定只有三条线，必要时可以加上一条或多条辅助线，可以起到和栏目线相呼应并与有关数据相分隔的作用。本例中按照试验温度添加辅助线，使同一试验温度下的其他数据表达更为清晰。

案例 25

【错例】

表× RSU 信任值更新列表

RSU_{ID}	阶段信任值	最新信任值	时间
RSU_1	RT_{D1}	RT_{R1}	$t_1 \sim t_2$
RSU_2	RT_{D2}	RT_{R2}	$t_2 \sim t_3$
…	…	…	…
RSU_n	RT_{Dn}	RT_{Rn}	$t_n \sim t_{n+1}$

【修改建议】

表× RSU 信任值更新列表

RSU_{ID}	阶段信任值	最新信任值	时间
RSU_1	RT_{D1}	RT_{R1}	$t_1 \sim t_2$
RSU_2	RT_{D2}	RT_{R2}	$t_2 \sim t_3$
⋮	⋮	⋮	⋮
RSU_n	RT_{Dn}	RT_{Rn}	$t_n \sim t_{n+1}$

【简析】原表中表示纵向项目省略，省略号方向由横向改为纵向。

案例 26

【错例】

表× 四环素类抗生素基本理化性质

化学物质名称	四环素(Tetracycline)	金霉素(Chlorotetracycline)	土霉素(Oxytetracycline)
缩写	TC	CTC	OTC
CAS号	60-54-8	57-62-5	79-57-2
分子式	$C_{22}H_{24}N_2O_8$	$C_{22}H_{23}ClN_2O_8$	$C_{22}H_{24}N_2O_9$
结构式	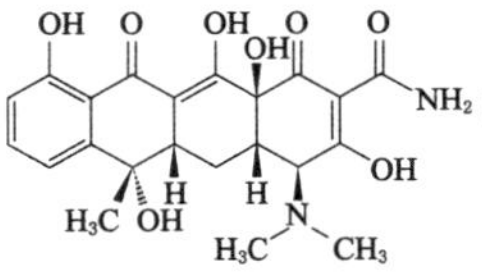	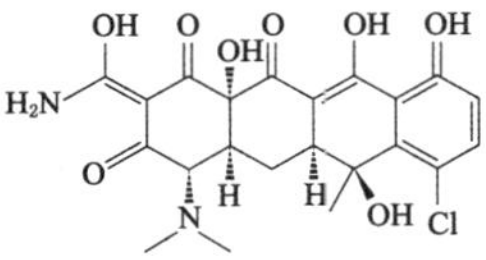	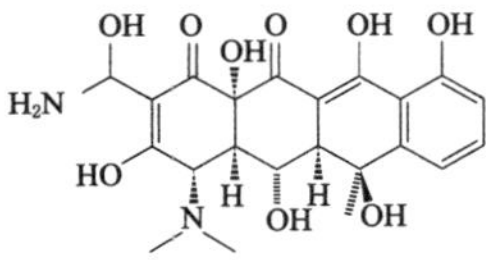
分子量	444.435	478.879	460.434
溶解度(mg/L)	231	615	313
正辛醇-水分配系数 logKow	−1.37	−0.62	−0.90
有机碳-水分配系数 Koc	57.59	95.22	233.20

【修改建议】

表× 四环素类抗生素基本理化性质

化学物质名称	CAS号	分子式	结构式	分子量	溶解度/(mg·L^{-1})	正辛醇-水分配系数 logKow	有机碳-水分配系数 Koc
四环素(TC)	60-54-8	$C_{22}H_{24}N_2O_8$	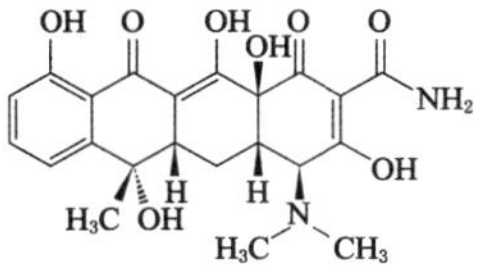	444.435	231	−1.37	57.59
金霉素(CTC)	57-62-5	$C_{22}H_{23}ClN_2O_8$	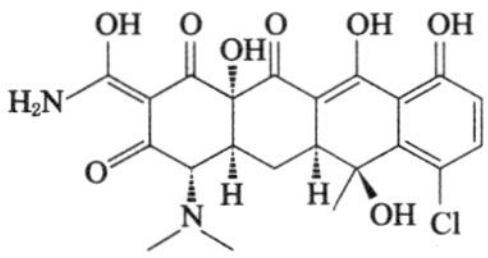	478.879	615	−0.62	95.22
土霉素(OTC)	79-57-2	$C_{22}H_{24}N_2O_9$	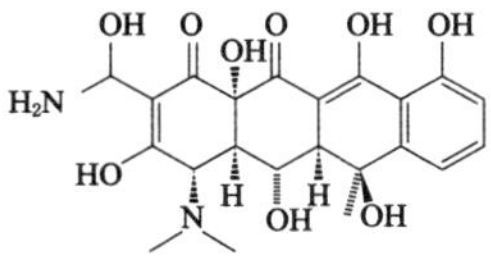	460.434	313	−0.90	233.20

【简析】表头是对表格各行和各列单元格内容进行概括和提示的栏目，横、纵表头应统筹安排，横表头常用来列示研究对象的有关特征或指标，纵表头列示研究对象的名称及分类，本例中将横坐标列示研究对象的名称，纵坐标列示研究对象的有关特征，将横、纵坐标栏目修改后，可读性更好，各部分能够更清楚地呈现主体意思。栏目设置更科学规范，突出了研究对象的重点。

案例 27

【错例】

试验钢纤维-橡胶混凝土的基准设计强度为 C40，依据《普通混凝土配合比设计规程》(JGJ 55—2011)试配并制作试块进行相关性能试验，最终在满足力学性能要求的基础上确定本试验基准配合比，记为 RC-0。以基准配合比为对照组，将细集料等体积替换为橡胶颗粒，替换率分别为 5％、10％和 15％，并掺入不同体积掺量的废旧钢纤维(0.5％、1％和 1.5％)制备钢纤维-橡胶混凝土，记为 RC0-RC12。具体配合比如表×所示。

表×　钢纤维-橡胶混凝土试验配合比设计　　kg/m^3

组号	水	水泥	粗集料	细集料	橡胶颗粒	钢纤维	减水剂
RC-1	185	450	1200	540	7	0	4
RC-2	185	450	1200	540	7	40	4
RC-3	185	450	1200	540	7	80	4
RC-4	185	450	1200	540	7	120	4
RC-5	185	450	1200	510	14	0	4
RC-6	185	450	1200	510	14	40	4
RC-7	185	450	1200	510	14	80	4
RC-8	185	450	1200	510	14	120	4
RC-9	185	450	1200	480	21	0	4
RC-10	185	450	1200	480	21	40	4
RC-11	185	450	1200	480	21	80	4
RC-12	185	450	1200	480	21	120	4

【修改建议】

试验钢纤维-橡胶混凝土的基准设计强度为 C40，依据《普通混凝土配合比设计规程》(JGJ 55—2011)试配并制作试块进行相关性能试验，最终在满足力学性能要求的基础上确定本试验基准配合比，记为 RC-0。以基准配合比为对照组，将细集料等体积替换为橡胶颗粒，替换率分别为 5％、10％和 15％，并掺入不同体积掺量的废旧钢纤维（0.5%、1%和 1.5%）制备钢纤维-橡胶混凝土，记为 RC-0～RC-12。具体配合比如表×所示。

表×　钢纤维-橡胶混凝土试验配合比设计　　单位：kg/m^3

组号	水	水泥	粗集料	细集料	橡胶颗粒	钢纤维	减水剂
RC-0	185	450	1 200	570	0	0	4
RC-1	185	450	1 200	540	7	0	4
RC-2	185	450	1 200	540	7	40	4
RC-3	185	450	1 200	540	7	80	4
RC-4	185	450	1 200	540	7	120	4
RC-5	185	450	1 200	510	14	0	4
RC-6	185	450	1 200	510	14	40	4
RC-7	185	450	1 200	510	14	80	4
RC-8	185	450	1 200	510	14	120	4
RC-9	185	450	1 200	480	21	0	4
RC-10	185	450	1 200	480	21	40	4
RC-11	185	450	1 200	480	21	80	4
RC-12	185	450	1 200	480	21	120	4

【简析】表格中所有表达都要与论文中其他地方的同指表达对应、一致。本例中文中叙述是 RC-0～RC-12，根据文中叙述含义和表格中内容，应在表中增加 RC-0 数据，使表中和文中内容表达对应、一致。

案例 28

【错例】

表×　沙柳生材 12 个弹性常数试验值

	E_L/MPa	μ_{LT}	μ_{LR}	E_R/MPa	μ_{RT}	μ_{RL}	E_T/MPa	μ_{TR}	μ_{TL}	G_{RT}/MPa
1	9927	0.493	0.432	1010	0.513	0.104	733	0.591	0.066	144
2	9632	0.450	0.379	900	0.499	0.087	756	0.501	0.045	131
3	9518	0.406	0.370	888	0.511	0.099	710	0.487	0.052	157
4	9368	0.462	0.343	895	0.431	0.084	702	0.574	0.071	141
5	9164	0.417	0.327	960	0.506	0.085	689	0.496	0.062	146
平均值	9531	0.454	0.376	936	0.482	0.09	722	0.520	0.058	142
标准差	234.72	0.035	0.035	44.84	0.060	0.008	23.35	0.045	0.009	8.32
CV/%	2.46	7.71	9.31	4.79	12.45	8.89	3.23	8.65	15.52	5.86

【修改建议】

表× 沙柳生材12个弹性常数试验值

项目	E_L/MPa	μ_{LT}	μ_{LR}	E_R/MPa	μ_{RT}	μ_{RL}	E_T/MPa	μ_{TR}	μ_{TL}	G_{RT}/MPa
1	9 927	0.493	0.432	1010	0.513	0.104	733	0.591	0.066	144
2	9 632	0.450	0.379	900	0.499	0.087	756	0.501	0.045	131
3	9 518	0.406	0.370	888	0.511	0.099	710	0.487	0.052	157
4	9 368	0.462	0.343	895	0.431	0.084	702	0.574	0.071	141
5	9 164	0.417	0.327	960	0.506	0.085	689	0.496	0.062	146
平均值	9 531	0.454	0.376	936	0.482	0.09	722	0.520	0.058	142
标准差	234.72	0.035	0.035	44.84	0.060	0.008	23.35	0.045	0.009	8.32
CV/%	2.46	7.71	9.31	4.79	12.45	8.89	3.23	8.65	15.52	5.86

【简析】三线表是一种经过简化和改造的全线表，但它不一定只有三条线，必要时可以加上一条或多条辅助线，可以起到和栏目线相呼应并与有关数据相分隔的作用。本例中后三行与前五行归类不同，加辅助线后与前面数据分割，做到了正确归类和一栏一类，使得表格表达更为清晰。

案例 29

【错例】

表×为$Ce_3S_n^-$(n=1—12)团簇的绝热电子亲和能和垂直电子解离能。可见$Ce_3S_{11}^-$具有最大、最小 AEA 值，分别为 4.84 eV、1.18 eV。

表× $Ce_3S_n^-$ (n=1—12)团簇理论的垂直电子解离能和绝热电子亲和能

n	VIP(eV)	AIP(eV)
1	4.29	3.83
2	4.60	3.14
3	3.01	1.79
4	2.66	1.71
5	5.21	5.01
6	5.36	3.79
7	5.48	3.39
8	7.15	4.50
9	4.92	4.38
10	7.31	5.52
11	7.23	5.64
12	7.30	5.60

【修改建议】

表×为 $Ce_3S_n^-$（n=1～12）团簇的绝热电子亲和能和垂直电子解离能。可见 $Ce_3S_{11}^-$ 具有最大、最小 AEA 值，分别为 4.84 eV、1.18 eV。

表×　$Ce_3S_n^-$（n=1～12）团簇理论的垂直电子解离能和绝热电子亲和能

Species	VDE/eV	AEA/eV
1n←1a	2.24	1.18
2n←2a	2.91	2.36
3n←3a	3.40	3.12
4n←4a	4.07	3.69
5n←5a	4.34	4.09
6n←6a	4.54	4.18
7n←7a	4.80	4.42
8n←8a	4.91	3.89
9n←9a	5.11	4.51
10n←10a	5.08	3.99
11n←11a	4.81	4.64
12n←12a	5.05	4.84

【简析】表格的科学性体现在内容匹配性，本例中作者撰写论文不够严谨，将本该是其他表格的内容粘贴到本表中，使得文字内容与表格不一致，修改后文中内容和表格内容表达一致。

案例 30

【错例】

表×　二维 penta-B_4X_2（X=S，Se 和 Te）单层的弹性常数、杨氏模量和泊松比

Nm^{-1}

System	C_{11}	C_{22}	C_{12}	C_{66}	Y_x	Y_y	υ_x	υ_y
B_4S_2	670.64	670.71	−95.92	306.13	131.39	131.39	0.148	0.134
B_4Se_2	554.10	553.98	−65.51	225.76	109.25	109.25	−0.110	−0.110
B_4Te_2	445.32	454.74	−30.04	224.28	90.67	90.67	0.075	0.068

【修改建议】

表× 二维 penta-B_4X_2(X=S,Se和Te)单层的弹性常数、弹性模量和泊松比

系统	C_{11} /(N·m^{-2})	C_{22} /(N·m^{-2})	C_{12} /(N·m^{-2})	C_{66} /(N·m^{-2})	Y_x /(N·m^{-2})	Y_y /(N·m^{-2})	v_x	v_y
B_4S_2	670.64	670.71	−95.92	306.13	131.39	131.39	0.148	0.134
B_4Se_2	554.10	553.98	−65.51	225.76	109.25	109.25	−0.110	−0.110
B_4Te_2	445.32	454.74	−30.04	224.28	90.67	90.67	0.075	0.068

【简析】编辑表格时,如果全表格所有项目的单位都相同,可将共同单位标注在表格右上方。但本例中项目的后两列单位不是"N·m^{-2}",所以不能将单位标注在表格右上方,而应将单位标注在表头中参数后面。

3.5 数字

《学术论文编写规则》(GB/T 7713.2—2022)第5.6节中规定:

(1)数字用法应符合GB/T 15835的有关规定。鉴于阿拉伯数字具有笔画简单、结构科学、形象清晰、组数简短、国际通用等优点及科技语言的特殊性,论文中数字使用的总原则是:凡是可以使用阿拉伯数字,而且又很简明清晰的地方,宜使用阿拉伯数字。

(2)为达到醒目、易于辨识的效果,下列场合应使用阿拉伯数字:

① 计量和计数的数字,如应写作20 kg、35 m/s、30~40 mL、365、15.8%、2/3、4人等;

② 编号的数字,如应写作010-62736603、104国道、国发〔2020〕8号文件等;

③ 表示公历世纪、年代、年份、日期和时刻的数字,应符合GB/T 7408和GB/T 15835的相关规定,如应写作20世纪50—70年代、2016—2020年、2020年8月28日9时38分5秒(也可采用全数字表示法写作2020-08-28T09:38:05)等;

④ 已定型名称中的数字,如应写作5G手机、$PM_{2.5}$质量浓度、维生素B_{12}、97号汽油、"3·15"消费者权益日等。

(3)科学计量中的数值修约和极限数值的表示和判定,应符合GB/T 8170给出的规则。连续性数据分组时,每组数据的量值范围应准确表示,如长度0~20 m平均分为4组,应写作0~<5 m、5~<10 m、10~<15 m、15~20 m,也可写作[0,5)m、[5,10)m、[10,15)m、[15,20]m,但不应写作0~5 m、5~10 m、10~15 m、15~20 m。

(4) 阿拉伯数字的使用还应注意以下规范:

① 大于999的整数和多于3位数的小数,均宜采用三位分节法分节,即从小数点起向左或向右每3位留适当空隙,如写作1 000、0.000 1;

② 数值的有效数字应全部写出,如“1.50,1.75,2.00”不应写作“1.5,1.75,2”;

③ 阿拉伯数字不准许与除“万”“亿”和SI词头中文符号以外的数词连用,如3 500元不应写作3千5百元,我国2020年人口普查人数1 411 778 724人可写作14亿1 177万8 724人;

④ 有起点和终点的时间段之间应采用一字线连接,如2020-09-01—12-01不应写作2020-09-01~12-01。

(5) 下列场合应使用汉字数字:

① 作为词素构成定型的词、词组、惯用语、缩略语等的数字,如二倍体、三叶虫、二元三次方程、四氧化三铁、十二指肠、五行、五运六气、三焦、“十四五”规划等;

② 2个数字连用表示的概数和“几”字前后的数字,如三五天、五六小时、七八十米、三十几摄氏度、几十吨等;

③ 非公历纪年的数字,如清咸丰十年九月二十日(1860年11月2日)、民国二十七年(1938年)。

案例1

【错例】2018~2022年内蒙古煤炭开采量4年均在10亿吨以上,2022年突破12亿吨,近5年内蒙古煤炭开采量占全国的四分之一,位列全国前两位,如图1所示。

【修改建议】2018—2022年内蒙古煤炭开采量4年均在10亿吨以上,2022年突破12亿吨,近5年内蒙古煤炭开采量占全国的1/4,位列全国前两位,如图1所示。

【简析】《出版物上数字用法》(GB/T 15835—2011)规定了汉字数字和阿拉伯数字的用法,在具体语言环境中,用汉字数字还是阿拉伯,可灵活掌握,但要保持局部一致,所以这里的四分之一应改为1/4。《学术论文编写规则》(GB/T 7713.2—2022)中规定:“有起点和终点的时间段之间应采用一字线连接。”本例中2018~2022年两个时间段之间用了波浪线,这是错误的,应改为一字线。

案例2

【错例】锆石年龄为440.8±0.19 Ma和155.05±0.37 Ma,表明该岩体形

成于早志留世，并在侏罗世形成复式岩体。

【修改建议】锆石年龄为(440.80±0.19) Ma 和(155.05±0.37) Ma，表明该岩体形成于早志留世，并在侏罗世形成复式岩体。

【简析】《量和单位》(GB 3100～3102—1993)规定，应当加圆括号将数值组合(视为一个整体)，置共同的单位符号于全部数值之后，或写成各个量的和或差。本例中 440.8±0.19 Ma 和 155.05±0.37 Ma 的规范表达是(440.80±0.19) Ma 和(155.05±0.37) Ma。

案例 3

【错例】电源电压为 220V±10%。

【修改建议】电源电压为 220×(1±10%)V 或 220V±22V。

【简析】本例中的“220V±10%”意义表达不明确，实际表达的是 220V，具有±10%的相对误差，应改为 220×(1±10%)V 或 220V±22V。

案例 4

【错例】从 420—700 nm，每间隔 20 nm 测试 3 次取平均值。

【修改建议】从 420～700 nm，每间隔 20 nm 测试 3 次取平均值。

【简析】在表示数值范围时，可采用浪纹式连接号“～”或一字线连接号“—”。为避免与数学中的负号混淆，中文表达中常用“～”而非“—”作为数值范围的连接号。

案例 5

【错例】在 Instron 5969 拉伸实验机上对复合材料进行了室温和高温力学性能测试，室温拉伸试样的标距尺寸为 18×6×2 mm，高温拉伸试样的标距尺寸为 20×5×2 mm，室温拉伸速率为 0.5 mm/min，高温拉伸速率为 1mm/min，每个状态下至少准备三个平行样品。

【修改建议】在 Instron 5969 拉伸实验机上对复合材料进行了室温和高温力学性能测试，室温拉伸试样的标距尺寸为 18 mm×6 mm×2 mm，高温拉伸试样的标距尺寸为 20 mm×5 mm×2 mm，室温拉伸速率为 0.5 mm/min，高温拉伸速率为 1 mm/min，每个状态下至少准备 3 个平行样品。

【简析】用量值相乘表示面积或体积时，每个量值的单位都应该一一写出来，本例中是量值相乘表示体积，量值后面应该写上单位。《学术论文编写规则》(GB/T 7713.2—2022)中规定：“单位符号与其前面的数值之间应留有适当空隙。”本例中“1mm/min”数字和单位之间没有空隙，应改为“1 mm/min”。

案例 6

【错例】多向锻后复合材料的强塑性同步提升，其中在近 β 相区变形的复合材料性能最佳，其室温抗拉强度和延伸率为 1178MPa 和 11.2％，650 ℃抗拉强度和延伸率为 709.3 MPa 和 25.7％。

【修改建议】多向锻后复合材料的强塑性同步提升，其中在近 β 相区变形的复合材料性能最佳，其室温抗拉强度和延伸率为 1 178 MPa 和 11.2％，650 ℃抗拉强度和延伸率为 709.3 MPa 和 25.7％。

【简析】《学术论文编写规则》(GB/T 7713.2—2022)规定：“大于 999 的整数和多于 3 位数的小数，均宜采用三位分节法分节，即从小数点起向左或向右每 3 位留有适当空隙。”本例中“1178”应为“1 178”。

案例 7

【错例】将 1.2 mL 偶联剂 KH570 溶于 10 mL 无水乙醇中，然后缓慢滴入上述烧杯中，搅拌两小时。

【修改建议】将 1.2 mL 偶联剂 KH570 溶于 10 mL 无水乙醇中，然后缓慢滴入上述烧杯中，搅拌 2 h。

【简析】《量和单位》(GB 3100～3102—1993)中规定：“中文符号只在小学、初中教科书和普通书刊中在必要时使用。”本例中不应使用单位的中文符号，其中的“两小时”应改为“2 h”。

案例 8

【错例】23 年生产产值增加一倍以上。

【修改建议】2023 年生产产值增加一倍以上。

【简析】《出版物上数字用法》(GB/T 15835—2011)规定：“四位数字表示的年份不应简写为两位数字。”本例中“23 年”应改为“2023 年”。

案例 9

【错例】水相和 SPM 中人工甜味剂的回收率分别为(90.2±2.4％)和(－123.1±10.2％)。

【修改建议】水相和 SPM 中人工甜味剂的回收率分别为(90.2±2.4)％和(－123.1±10.2)％。

【简析】中心值与公差是百分数时，百分号前的中心值与公差用括号括起，百分号只写一次。本例中心值与公差未用括号括起，应改为(90.2±2.4)%和(−123.1±10.2)%。

案例 10

【错例】布鲁克 D8 advance 型全自动 X 射线衍射仪进行物相测试，扫描角度为 5—120°，步长为 0.02°，扫描速度为 2°/min。

【修改建议】布鲁克 D8 advance 型全自动 X 射线衍射仪进行物相测试，扫描角度为 5°～120°，步长为 0.02°，扫描速度为 2(°)/min。

【简析】前后两个数值的附加符号或计量单位相同时，在不造成歧义时，前一个数值的附加符号或计量单位可以省略，如果造成歧义则不能省略，本例中 5°～120°不可写成 5～120°(角度单位“ °”与弧度单位“rad”相混淆时，可能将 5°错误理解成 5 rad。平面角的单位度、分、秒的符号，在组合单位中应采用(°)、(′)、(″)的形式，本例中 2°/min 应改为 2(°)/min。

案例 11

【错例】population 代表污水厂服务人口，为 2 400 000 人。

【修改建议】population 代表污水厂服务人口，为 2.4×10^6 人。

【简析】书写尾数有多个 0 的整数或小数点后面有多个 0 的纯小数时，应该按照科学记数法改写成“$K\times10^n$”的形式，其中 K 为 10 以下的正整数或小数点前只有 1 位非 0 数字的小数(即 $1\leqslant K<10$)，n 为整数。

案例 12

【错例】最高温度控制在 127～135℃。

【修改建议】最高温度控制在 135℃。

【简析】“最大”“最小”“超过”等不要与约数或数的大致范围并用，“最大”“最小”“超过”后面应跟具体数值而不是数值范围。

案例 13

【错例】电压约为 10 V 左右。

【修改建议】电压约为 10 V 或电压为 10 V 左右。

【简析】表示约数时，“约”“近”“大致”等与“左右”“上下”等最好不要并用(除非语义表达需要)，这样用语义重复。

案例 14

【错例】经 1 000＃砂纸打磨后在去离子水、无水乙醇、丙酮中各超声清洗 10 min 后吹干备用。

【修改建议】经 1000＃砂纸打磨后在去离子水、无水乙醇、丙酮中各超声清洗 10 min 后吹干备用。

【简析】科技论文中出现的有关型号、编号等的表达，编号的书写必须真实、完整、清晰，严格区分字母的类别、大小写、正斜体，对数字不用分节。

案例 15

【错例】对河狸内外侧特征曲线进行等比例缩小处理，缩小 60 倍，缩小后的内外侧特征曲线……

【修改建议】原文中“缩小 60 倍”改为“缩小为原特征尺寸的 1/60”。

【简析】科技论文中表示数值的增加或减少有专门的表示方法。数值的增加一般用倍数和百分数来表示，如“增加了 2 倍”，表示原来为 1，现在为 3；数值的减少一般用分数或百分数来表示，如“降低了 20%”，表示原来为 1，现在为 0.8。原文中表示数值降低，“缩小 60 倍”的表述错误。

3.6 数学式

《学术论文编写规则》(GB/T 7713.2—2022)第 5.7 节中规定：

(1) 数学式中的变量、变动的附标、函数、有定义的已知函数、其值不变的数学常数、已定义的算子、特殊集合符号、矢量或向量、矩阵以及说明性的字符等，编排时使用的大小写、正斜体、黑白体等，均应符合 GB/T 3102.11 的规定。

(2) 注意区分与单位无关的量关系式和与单位有关的数值关系式，二者之间宜首选前者。数学式应以正确的数学形式表示，由字母符号表示的变量，应随数学式对其含义进行解释。示例 1 和示例 2 分别为量关系式和数值关系式的式样。

示例 1：

$$v=l/t$$

式中：v 为匀速运动质点的速度；l 为运行距离；t 为时间间隔。

示例 2：

$$v=3.6l/t$$

式中：v 为匀速运动质点的速度的数值，单位 km/h；l 为运行距离的数值，单位 m；t 为时间间隔的数值，单位 s。

注：在一篇论文中，同一个符号不应既表示一个物理量，又表示其对应的数值。

(3) 数学式不应使用量的名称或描述量的术语表示。量的名称或多字母缩略术语，不论正体或斜体，亦不论是否含有下标，都不应该用来代替量的符号。

正确示例：

$$t_i = \sqrt{\frac{S_{\mathrm{ME},i}}{S_{\mathrm{MR},i}}}$$

式中：t_i为系统 i 的统计量；$S_{\mathrm{ME},i}$为系统 i 的残差均方；$S_{\mathrm{MR},i}$为系统 i 由于回归产生的均方。

错误示例：

$$t_i = \sqrt{\frac{MSE_i}{MSR_i}}$$

式中：t_i为系统 i 的统计量；MSE_i为系统 i 的残差均方；MSR_i为系统 i 由于回归产生的均方。

(4) 数学式一般串文排，下文要提及的编有式编号的公式、大公式(如繁分式、积分式、连乘式、求和式、矩阵、行列式等)，应另行居中排，式编号标注于该式所在行(或转行式的末行)的最右端。居中排数学式的结尾，允许按其在行文中的语法关系添加标点符号。

依据 GB/T 3102.11，数学式需要断开转行排的首选规则为：在＝、≈、＜、＞、≠、≥等关系符号或＋、－、±、∓、×、·、÷、/等运算符号后断开，而在下一行开头不应重复这一符号。

按照 ISO 80000-2，数学式也可在＝、≈、≠、≤等关系符号和＋、－、×、/等运算符号前断开，上一行末尾不重复这一符号。

(5) 关于数学式表示的建议：

① 在行文中宜避免使用多于 1 行的表示形式，如 m/V 优于$\frac{m}{V}$；

② 在数学式中宜避免使用多于 1 个层次的上标或下标符号，如 $P_{1,\mathrm{min}}$优于 $P_{1_{\mathrm{min}}}$；

③ 在数学式中宜避免使用多于 2 行的表示形式。

示例：

使用

$$\frac{\sin[(N+1)\alpha/2]\sin(N\alpha/2)}{\sin(\alpha/2)} = \cdots\cdots$$

不使用

$$\frac{\sin\left[\frac{(N+1)}{2}a\right]\sin\left(\frac{N}{2}a\right)}{\sin\frac{a}{2}}=\cdots\cdots$$

案例 1

【错例】将每个数据进行归一化处理，计算方法如下：

$$x_{\mathrm{norm}}=\frac{x-\mathit{min}(x)}{\max(x)-\min(x)}$$

【修改建议】

将每个数据进行归一化处理，计算方法如下：

$$x_{\mathrm{norm}}=\frac{x-\min(x)}{\max(x)-\min(x)}$$

【简析】《学术论文编写规则》(GB/T 7713.2—2022)中规定："数学中的变量、变动的附标、函数、有定义的已知函数、其值不变的数字常数、已定义的算子、特殊集合符号、矢量或向量、矩阵以及说明性的字符等，编排时使用的大小写、正斜体、黑白体等，均应符合 GB/T 3102.11 的规定。""min"是说明性的字符，在公式中应改为正体。

案例 2

【错例】式中，D_{before}^{max}、D_{before}^{min}、D_{after}^{max} 和 D_{after}^{min} 分别为分时电价前的峰值负荷、谷值负荷和分时电价后的峰值负荷、谷值负荷。

【修改建议】式中，$D_{\mathrm{before}}^{\mathrm{max}}$、$D_{\mathrm{before}}^{\mathrm{min}}$、$D_{\mathrm{after}}^{\mathrm{max}}$ 和 $D_{\mathrm{after}}^{\mathrm{min}}$ 分别为分时电价前的峰值负荷、谷值负荷和分时电价后的峰值负荷、谷值负荷。

【简析】为了规范使用上下标，应弄清楚上下标符号的含义，这样才能正确区分上下标的正斜体。《量和单位》规定："表示物理符号的下标用斜体印刷。"本例中上下标分别为 min、max 和 before、after，不是物理量符号，应改为正体。

案例 3

【错例】其中：$x=(x_1,x_2,\cdots,x_{\mathrm{n}})$ 是自变量 ，$u=(u_1,u_2,\cdots,u_{\mathrm{m}})$ 是因变量，且 u^{a} 表示对 x_{i} 的 s 阶偏导数。

【修改建议】其中：$x=(x_1,x_2,\cdots,x_n)$ 是自变量，$u=(u_1,u_2,\cdots,u_m)$ 是因变量，且 u_m 表示对 x_i 的 s 阶偏导数。

【简析】在自变量和因变量中，字母下标 n 和 m 是数字变量，应改为斜体。

案例 4

【错例】

$$d_v = \sqrt{\frac{20Q_{\max}}{\pi pvr(1.33RvTv)^{0.5}}}$$

【修改建议】

$$d_v = \sqrt{\frac{20Q_{\max}}{\mathrm{\pi} pvr(1.33RvTv)^{0.5}}}$$

【简析】《学术论文编写规则》(GB/T 7713.2—2022)规定："数学中的变量、变动的附标、函数、有定义的已知函数、其值不变的数字常数、已定义的算子、特殊集合符号、矢量或向量、矩阵以及说明性的字符等，编排时使用的大小写、正斜体、黑白体等，均应符合 GB/T 3102.11 的规定。"一般来说，变量、变动的上下标、函数、线段以及在特定场合中视为常数的参数，用斜体字母表示。有定义的已知函数、其值不变的数学常数、已定义的算子及数字，用正体字母表示。集合一般用斜体字母表示的，但有定义的集合用黑(加粗)体或特殊的正体字母。矩阵、矢量和张量的符号用黑(加粗)斜体字母表示。"π"是值不变的数学常数，应改为正体。

案例 5

【错例】油菜秸秆在 1739 $\mathrm{cm^{-1}}$ 以及 1635 $\mathrm{cm^{-1}}$ 处的 C=O 伸缩振动峰强度高于褐煤，说明油菜秸秆中的羰基含量较多。

【修改建议】油菜秸秆在 1 739 $\mathrm{cm^{-1}}$ 以及 1 635 $\mathrm{cm^{-1}}$ 处的 C═O 伸缩振动峰强度高于褐煤，说明油菜秸秆中的羰基含量较多。

【简析】键号为化学结构式中的常用符号，是结构式中用来连接各原子或官能团的连线。连线有单线、双线、三点线、电线、粗线之分，又有横线、竖线和斜线。双键号与数学符号等号相似，但长短是有区别的，不能将双键号用等号排版。本例中的"="应改为"═"。大于 999 的整数采用三位分节法分节，本例中的"1739""1635"应改为"1 739""1 635"。

案例 6

【错例】

$$\begin{aligned}\frac{\partial^2}{\partial y^2}\tau_n = 2(b_0, d_0, b_1, d_1, \cdot) - \\ (b_2, d_1, \cdot) + (b_3, d_0, \cdot) \\ + (b_0, d_3, \cdot) - (b_1, d_2, \cdot)\end{aligned}$$

【修改建议】数学式转行不规范，全刊转行应统一。

$$\begin{aligned}\frac{\partial^2}{\partial y^2}\tau_n = 2(b_0, d_0, b_1, d_1, \cdot) - (b_2, d_1, \cdot) + (b_3, d_0, \cdot) \\ + (b_0, d_3, \cdot) - (b_1, d_2, \cdot)\end{aligned}$$

【简析】根据 GB/T 3102.11，数学式需要断开转行排的首选规则为：在=、≈、>、<、≠、≥等关系符号或+、−、±、×、÷等运算符号后断开，而在下一行不应重复这一符号。按照 ISO 80000-2，数学式也可在=、≈、≠、≥等关系符号和+、−、±、×、÷等运算符号前断开，上一行末尾不重复这一符号。

案例 7

【错例】则

$\Lambda C_{11} + B_{11}\Delta = 0, \Lambda C_{12} = 0, B_{21}\Delta = 0$，即 $\Lambda C_{11} = -B_{11}\Delta, C_{12} = 0, B_{21} = 0$。

【修改建议】全刊镶字格式统一。

【简析】数学式前的用语（也称镶字）是数学式前面另行起排的短词语，用来表示式间提示、过渡或逻辑关系。如本例中的“则”，镶字通常左顶格排（属文字自然段的开始除外）。可将镶字与式子排在同一行。当式子超过两行时，镶字用另行排或骑缝排（指镶字排在上下两式之间的位置，而上下两式按正常行距排）。当式子有编号时，式子前面的镶字应另行起排或骑缝排，不宜与式子、编号排在同一行。当式子为叠排式时，式子前面的镶字宜另行排或骑缝排，确有必要与叠排式排在同一行时，镶字应与式子的主体对齐。

案例 8

【错例】

$$\begin{aligned}\rho u &= \sum_i c_i g_i + 0.5\Delta t F_s, \\ p &= \frac{c_s^2}{1-\omega_0}\Big[\sum_{i\neq 0} g_i + 0.5\Delta t u \cdot \nabla\rho + \rho s_0(u)\Big].\end{aligned} \tag{45}$$

【修改建议】

$$\left\{\begin{aligned}\rho u &= \sum_i c_i g_i + 0.5\Delta t F_s,\\ p &= \frac{c_s^2}{1-\omega_0}\left[\sum_{i\neq 0} g_i + 0.5\Delta t u\cdot\nabla\rho + \rho s_0(u)\right]\end{aligned}\right. \tag{45}$$

【简析】几个式子上下并排一组共用一个式号时，各行式子左端宜排齐，式号应该排在式子整体的上下居中位置，必要时可在该组式子左端加大括号。

案例 9

【错例】

$$z=\frac{z'}{H} \qquad K=\kappa H$$

$$\psi=\frac{ez_0\psi'}{k_B T_{av}} \qquad \frac{\mathrm{d}^2\psi}{\mathrm{d}z^2}=K^2\psi \tag{3}$$

【修改建议】

$$z=\frac{z'}{H},\quad K=\kappa H,\quad \psi=\frac{ez_0\psi'}{k_B T_{av}},\quad \frac{\mathrm{d}^2\psi}{\mathrm{d}z^2}=K^2\psi \tag{3}$$

【简析】对一组不太长的式子，可排在同一行，而且共用一个式号。

案例 10

【错例】若同类属性的访问权限存在包含关系，即 $S_{i,1}\subset S_{i,2}\subset S_{i,3}\cdots S_{i,N}$，并……

【修改建议】若同类属性的访问权限存在包含关系，即 $S_{i,1}\subset S_{i,2}\subset S_{i,3}\cdots\subset S_{i,N}$，并……

【简析】科技论文中常常出现关系式，要注意关系符号的准确使用。本例中第三个“$\subset$”不应缺失。

3.7 科学技术名词

《学术论文编写规则》(GB/T 7713.2—2022)第 5.9 节中规定：

科学技术名词简称科技名词，也称术语，其使用应符合 CY/T 119 的如下规定：

(1) 科学技术名词应首选全国科学技术名词审定委员会审定公布的规范名

词。“全称”和“简称”均可使用，减少使用“又称”，不宜使用“俗称”或“曾称”。

(2) 不同机构公布的规范名词不一致时，可选择使用。同一机构对同一概念的定名在不同学科或专业领域不一致时，宜依论文所在学科或专业领域选择使用规范名词。

(3) 尚未审定公布的科学技术名词，宜使用单义性强、贴近科学内涵或行业习惯的名词。

(4) 尽量少用字母词。如果使用未经审定公布的字母词，应在首次出现时括注其中文译名，必要时还应同时括注其外文全称。

(5) 同一篇论文使用的科学技术名词应保持前后一致。

案例 1

【错例】由于本次实验是对序列数据进行预测，所以将 RMSE(root mean squared error) 和 MAE(mean absolute error)作为实验误差评估指标。

【修改建议】由于本次实验是对序列数据进行预测，所以将均方根误差(root mean squared error，RMSE)和平均绝对误差(mean absolute error，MAE)作为实验误差评估指标。

【简析】科技论文中可以使用自定义字母词，但首次出现时，应先写中文全称，后以括注写出英文全称及缩写(即自定义字母词)，再次使用时就可以直接使用自定义字母词。本例中直接使用自定义字母词而无中文全称，应修改。

案例 2

【错例】使用 OVGF[22] 方法计算基态结构的垂直电子解离能(VDE)……垂直电子解离能(Vertical Detachment Energy of the Anion，VDE)：是阴离子瞬时失去一个电子所需要的能量，此时，阴离子和中性分子都处于阴离子优化平衡几何时的电子组态理论。

【修改建议】使用 OVGF[22] 方法计算基态结构的垂直电子解离能(vertical detachment energy of the anion，VDE)。……VDE 是阴离子瞬时失去一个电子所需要的能量，此时，阴离子和中性分子都处于阴离子优化平衡几何时的电子组态理论。

【简析】科技论文中可以使用自定义字母词，但首次出现时，应先写中文全称，后以括注写出英文全称及缩写(即自定义字母词)，再次使用时就可以直接使用自定义字母词。本例中“垂直电子解离能”在文中首次出现时未给出英文全称，再次使用时才给出英文全称，这种用法是不妥的，再次使用时可直接使用字母词。

案例 3

【错例】扫描结果与国际衍射数据中心(ICDD)的标准图谱进行比对。

【修改建议】扫描结果与国际衍射数据中心的标准图谱进行比对。

【简析】本例中字母词 ICDD 在后面没有再引用,可以不用出现。若后面有引用,则在首次出现时,其英文缩写和英文全称最好都给出。

案例 4

【错例】具有过渡金属离子的沸石是 NH_3-SCR 的首选催化剂,因为它们在较宽的操作温度窗口内表现出优异的 NO_x 转化率。……0.2Cu-SAPO-34 催化剂的氮氧化物转化率(95.2%)较 0.1Cu-SAPO-34 提升 38%。

【修改建议】具有过渡金属离子的沸石是 NH_3-SCR 的首选催化剂,因为它们在较宽的操作温度窗口内表现出优异的 NO_x 转化率。……0.2Cu-SAPO-34 催化剂的 NO_x 转化率(95.2%)较 0.1Cu-SAPO-34 提升 38%。

【简析】在全文中,同样的化学名称表述应一致。本例中前面用化学符号"NO_x"表述,后面用中文"氮氧化物"表述是不妥的,全文应一致。应将"氮氧化物"改为"NO_x"。

案例 5

【错例】利用 WDD-LCJ-150 型烟台力尔牌电子式拉扭试验机参照标准 GB/T50081-2002《普通混凝土力学性能试验方法标准》。

【修改建议】利用 WDD-LCJ-150 型烟台力尔牌电子式拉扭试验机参照标准 GB/T 50081—2002《普通混凝土力学性能试验方法标准》。

【简析】科技论文中出现的有关型号、编号等的表达,编号的书写必须真实、完整、清晰,严格区分字母的类别、大小写、正斜体,对数字不用分节,对连接号的类别以及字母与数字间是否留有空宜区分。本例中连接号应用一字线"— "而不是短横线,GB/T 与后面的数字 50081—2002 应留有适当空隙。

4 语言文字

4.1 文字词汇

案例 1

【错例】D1 为 1 个循环载荷块的累计损伤；N_{HCF} 为高周疲劳寿命；N_{LCF} 为低周疲劳寿命。

【修改建议】原文中的“累计”改为“累积”。

【简析】“累计”和“累积”都有累加的意思，“累计”强调的是连续的累积，通常用于描述某种行为或事件在一段时间内的总量或总数。“累积”更广泛地指一切形式的累积，可以是连续的，也可以是不连续的，它更强调的是总量的增长或积聚。这里“累积损伤”是力学名词，不能用“累计损伤”。

案例 2

【错例】根据他们的位置，再去更新其它灰狼个体的位置，表达式为……

【修改建议】原文中的“其它”改为“其他”。

【简析】在科技论文中，“其他”一般用作形容词或代词，表示除了已经提到的人或物之外的其他人或物。例如：“除了这些实验，我们还进行了其他实验。”在句中一般作形容词修饰名词，或作代词使用，表示未明确列出的其他内容。“其它”也表示除了已经提到的人或物之外的其他人或物，但在规范性较高的语境中，它常被认为是不太规范的用法。它是“其他”的简化形式，通常用于口语或非正式场合。在一些学术写作和编辑规范中，建议使用“其他”而不是“其它”，因为“其它”被认为是口语化的表达。

案例 3

【错例】王某(1997—)，男，2020 级硕士研究生，主要从事计算机虚似仿真的研究。

【修改建议】原文中的“虚似”改为“虚拟”。

【简析】作者将“虚拟”写成了“虚似”，由于“似”和“拟”很相似，输入时需要作者更加注意错别字的情况。

案例 4

【错例】砂蚀损伤。当航空发动机在恶劣环境(沙漠地区、沙尘天气等)中运行时，发动机经常会吸入被风和发动机尾流扬起或飘浮在空中的沙粒。

【修改建议】原文中的“砂蚀损伤”改为“沙蚀损伤”。

【简析】在航空领域中，“砂蚀损伤”和“沙蚀损伤”虽然在书写上有细微差异，但通常指同一种现象，即：由于沙尘或颗粒物对发动机表面的磨损造成的损伤。砂蚀损伤，一般指由于砂粒撞击造成的机械性磨损，这种损伤通常发生在发动机进气口和涡轮机叶片等处，砂粒的撞击会导致表面磨损和形成凹痕，进而影响发动机性能和寿命。沙蚀损伤与砂蚀损伤类似，指的是沙尘颗粒在高速气流中对发动机表面的侵蚀性磨损，这种损伤不仅包括物理性的磨损，还可能涉及化学性的侵蚀作用，例如沙尘中的化学成分与金属表面发生反应导致的腐蚀。因此在本文中，根据文后的表述，应该是沙蚀损伤更合理。

案例 5

【错例】车辆装配阶段，构建车辆能源消耗强度矩阵阵 $\boldsymbol{E}_{zu}=(\boldsymbol{e}_{zuij})_{r\times p}$。

【修改建议】原文中的“矩阵阵”改为“矩阵”。

【简析】作者将“矩阵”输入成“矩阵阵”，多一个字。

案例 6

【错例】内蒙古具有丰富的风光可再生源资源。

【修改建议】内蒙古具有丰富的风光可再生资源。

【简析】原文多字“源”，应当是“可再生资源”。

案例 7

【错例】“……试验部分”或“……实验部分”。

【修改建议】原文中的“试验”改为“实验”或“实验”改为“试验”。

【简析】在科技论文中，“实验”和“试验”都指为了观察、测试或验证某个假设、理论或方法而进行的有目的的操作或过程。“实验”通常指的是在科学研究中进行的操作，旨在发现自然现象的规律、验证理论或测试假设，它强调的是科学研究和发现的过程。“试验”则更倾向于指为了达到特定目的而进行的测试或检验，可能在工业、工程或应用科学领域更为常见，它强调的是测试和验证的过程。作者在选择二者时需要确保术语的使用清晰、一致，并且符合所在领域的普遍约定。

案例 8

【错例】在每次循环后利用聚四氟乙烯膜过滤出 Cu0.05APSO-34 分子筛，并用乙酸乙酯洗涤 3 次，随后放入 160 ℃烘箱烘干燥 12 h，用于下次循环催化反应。

【修改建议】原文中的“烘干燥”改为“烘干”。

【简析】在科技论文中，将“烘干”和“干燥”叠加成“烘干燥”是一个语意错误，因为这种表达方式不符合汉语表达的规范和语法结构，正确的表达应该是“烘干”或“干燥”，具体选择取决于作者要描述的过程或操作。“烘干”通常指通过加热来去除物体表面或内部的水分，使其变干的过程。“干燥”则更广泛地指去除物体中的水分，可以通过自然风干、加热、通风等方式实现。将两个动词简单叠加成一个词语不仅违反了汉语的语法规则，也会造成表达不清晰和不准确的问题。

案例 9

【错例】姫彩琳[8]制备了离子液体功能化 MCM-41 催化剂。

【修改建议】原文中的“姫彩琳”改为“姬彩琳”。

【简析】“姫”(zhěn)的中文解释为“谨慎”，“姬”(jī)一共有五个含义，分别是“古代对妇女的美称”“中国汉代宫中的女官”“旧时称妾”“旧时称以歌舞为业的女子”以及“姓”。这里作为姓氏，不应把二者混淆。而且，参考文献中的人名是“姬彩琳”，文中人名和参考文献人名要保持一致。

案例 10

【错例】把方程(37)带入方程(32)并积分后得到……

【修改建议】原文中的“带入”改为“代入”。

【简析】“带”通常表示携带、领导或引导的意思，“代”则表示替代、代替的意思，常用在代表、代理等词语中。在数学术语中，公式“代入”更合理。

案例 11

【错例】……同时含有人体所需的 8 种必需氨基酸，所占比例均衡，几乎可被人体完全吸收利用，且必需氨基酸所占比例高于羊肉、猪肉和鸡肉[1]，因此牛肉倍受人们青睐。

【修改建议】原文中的“倍受”改为“备受”。

【简析】“备受青睐”是正确的表达方式，这个词组常用来形容某物或某人受到了广泛的欢迎、赞赏或喜爱。而“倍受青睐”在语法上并不正确，因为“倍”是一个量词，不适合用在动词“受青睐”之前。因此，在科技论文或其他正式文体中，应使用“备受青睐”来表达受欢迎或受喜爱的意思。

案例 12

【错例】主要仪器仪表有：浮子流量计桓温……

【修改建议】原文中的“桓温”改为“恒温”。

【简析】此处作者用了错别字，“桓”读作 huan，应当是“恒温”而不是“桓温”。

案例 13

【错例】赵福堂等[13]基于一系列低温动三轴试验，以青藏高原冻结路基粉土作为研究对象，使用分级施加循环动荷载的方法，考虑不同冻结温度、含水率、压实度和围压的影响，对冻结粉土的动力学参数进行了深入分析。

【修改建议】原文中的“作为”改为“做为”。

【简析】在科技论文中，“作为”和“做为”都是表达“作为”的方式，但它们在使用上有细微的区别：“作为”一般用作介词或连词，表示身份、角色或用途。例如：“作为一种新型材料……具有优良的机械性能。”而“做为”多用作连词，连接两个并列的成分，表示并列关系。例如：“做为研究的一部分，我们还分析了……的微观结构。”在科技论文中，二者都可以使用，但通常更常见和更自然的选择是“做为”，因为它在表达上更简洁清晰。同时，“做为”在句子中的使用更符合汉语表达的习惯和规范，能够确保文笔流畅和语法准确。

案例 14

【错例】文献[8]分析了 SOGI 的带通特性、参数选则方式，提取出直流分量，并且削弱其他高次谐波成分，使得在电网电压不平衡情况下，相位检测误差为零。

【修改建议】原文中的“选则”改为“选择”。

【简析】“选则”并不是标准的汉语词汇，而是一种误构造。动词“选”本身已经包含了选择的意思，后面不需要加上“则”来表示动作的完成或强调。因此，在科技论文或其他正式文体中，应该使用“选择”来表达选择的意思，而不是“选则”。

案例 15

【错例】试验所用风积沙(C)取自内蒙古库布齐沙漠炎黄公路附近，去除 100 cm 厚的表层覆盖砂，选取未被扰动的砂土，其颗粒级配分析如表 1 所示。

【修改建议】原文中的“炎黄公路”改为“沿黄公路”。

【简析】典型的错别字，该地区的公路名称是“沿黄公路”，指中国境内的一条重要国家高速公路，因始于河南沿黄(黄帝陵所在地，河南新郑以东)而得名。这条公路起点在河南省济源市，终点在山东省东营市，全长约 340 km。沿黄公路是中国国家高速公路网中的重要组成部分，连接了华中和华北地区，具有重要的经济意义和战略地位。

案例 16

【错例】苯酚污染条件下，10B、10BF 对污染物的吸附量很小，属于粘附作用，这种吸附并不改变凝胶体系外边缘的特征，也不改变孔隙的连通性。

【修改建议】原文中的“粘附”改为“黏附”。

【简析】“黏”和“粘”在中文中都有“粘附”的意思，但在使用上有一些区别。“黏”通常用于形容物体表面所具有的“会让其他物体附着在上面的特性”。例如：黏糊糊的泥土、黏手的甜点等。这种“黏”更多指的是感官上的粘连性，而非真正意义上的物理化学性质。而“粘”则强调“附着力强”，不容易松脱或分离。如胶水、胶带等就是具有较强附着力的表现，这种“粘”表示的是物理化学上的作用力。因此，从实际语境出发，“黏”更多被使用来描述较为轻微的附着，如一些软质或半固态物质的表面；而“粘”则更常用来描述较为牢固的附着，如胶水、胶带等附着材料的描述。

案例 17

【错例】一般地基处理费用可占工程总造价的 8%左右，甚者可高达 20%～30%，而工期可占总工期的 25%左右。

【修改建议】原文中的“甚者”改为“甚至”。

【简析】“甚者”这个词语在句子中使用不当，它的正确形式应该是“甚至”，表示强调程度或增加的可能性。在现代汉语中，一般不再使用“甚者”来表达强调或增加的可能性，而是直接使用“甚至”这个词来表示同样的意思。

案例 18

【错例】和林格尔新区核心区地表以下 20 m 深度范围内，表层为根植土，其下为第四纪沉积层，土质成份以粉土、粉砂、黏性土为主。

【修改建议】原文中的“成份”改为“成分”。

【简析】“成分”和“成份”在汉语中常被用来指代物体中所含的各种部分或组成部分，二者在实际语境中是可以通用的，没有明显的区别。不过在一些特定的场合下，“成分”更常见一些，用于描述化学物质、食品的成分，如成分表；而“成份”可能更多用于一般的组成部分。

案例 19

【错例】但对于粉砂，现场静载荷试验按规范法测定得的湿陷起始压力较实际普遍偏小。

【修改建议】原文中的“测定得的”改为“测定的”。

【简析】多字，输入错误，“的”前不需要出现“得”。

案例 20

【错例】所以如果能以煤矸石、电石渣和钢渣为基材制备高附加值的 BSAC 熟料，将会大大的提高煤矸石和电石渣的利用率，减少固废对自然环境的污染，并且还能减少传统水泥对环境的污染以及自然资源的消耗，从而实现清洁生产。

【修改建议】原文中的“大大的提高”改为“大幅提高”。

【简析】在科技论文中，“大幅”更加学术化和正式。这是因为“大幅”一词更常见于正式的学术写作和技术性文献中，用以描述数量或程度上的显著变化或改进。相比之下，“大大的”虽然在口语和一般的书面表达中常见，但在科技文献中显得过于口语化或不够精确。因此，为了保持文风严谨和专业性，建议在科技论文中使用“大幅”这一学术化的表述。

案例 21

【错例】其中，BFRP 筋海水海砂混凝土梁的计算值最接近与实验值。

【修改建议】原文中的“接近与”改为“接近于”。

【简析】“与”和“于”的主要区别在于它们的词性不同，前者是连词，后者是介词。在用法上，“与”主要用于表示并列或比较的关系，而“于”则用于介绍动作的对象、时间、地点等，并且可以用作后缀。这些区别使得二者在句子中的功能和位置有所不同。在正式的学术论文写作中，常使用“接近于”来描述近似的情况或数值，以准确地表达实验结果或数据的接近程度。“接近于实验值”明确传达了实验结果或数据与实际实验值之间的相似性或接近程度，是一种更精确和正式的表达方式。

案例 22

【错例】并网时，为了最大限度利用可再生能源，风光发电单元前级变换器均工作在最大功率功率跟踪状态。

【修改建议】原文中的“最大功率功率”改为“最大功率”。

【简析】“最大功率”后多余添加了“功率”，属于输入错误。

案例 23

【错例】仿真结果表明，在线重组开关切换过程中，退役电池摸组在充电、放电模式下，混合储能功率能够自动分配，直流母线电压都介于较小的变化范围，验证了所提控制方案的可行性和正确性。

【修改建议】原文中的“电池摸组”改为“电池模组”。

【简析】“电池摸组”的“摸”是错别字，正确的写法应该是“电池模组”。“模组”是指模块化组件的意思，在技术领域中常用来描述电子设备中的功能模块或组件。

案例 24

【错例】这些文献构建的模型仅仅考虑了部件发生故障的停机损失，而忽略了因故障造成的其他损失，带有一定的局限性。

【修改建议】原文中的“带有一定的局限性”改为“具有一定的局限性”。

【简析】在学术写作中，“具有一定的局限性”更为准确。这是因为“具有”在表达上更为正式和精确，常用于描述某物品或事物的属性或特征。相比之下，“带有”虽然在口语和一般书面语中使用广泛，但在学术文献中可能显得不够精确或正式。因此，为了保持文风严谨和专业性，建议在科技论文中使用“具有一定的局限性”来描述某个技术或方法的限制或不足。

案例 25

【错例】负载平台液压回路原理图如图 12 所示，从图中可知，为了满足负载平台需在多个位置进行停留的要求，选择使用液控单向阀的双向锁紧回路，与限位开关共同作用使活塞在设定的位置进行锁紧。

【修改建议】原文中的“原理图如图 12 所示”改为“原理如图 12 所示”。

【简析】在句子“原理图如图 12 所示”中，“原理图”中的“图”是多余的，因为这种表达重复了信息，原理图已经被明确指示为图示物件，所以再次提及“图”是不必要的。在学术论文写作中，要尽可能精简和清晰地表达信息，避免重复或不必要的修饰。

案例 26

【错例】联合仿真得主软件是依据系统的复杂程度而定的。

【修改建议】原文中的“联合仿真得主软件”改为“联合仿真的主软件”。

【简析】“得”强调程度、方式或结果，通常作为副词，而“的”用来连接名词与形容词、代词等，表示所有关系或连接关系。此处为了表达出“主软件”是所属于“联合仿真”的，所以用“的”。

案例 27

【错例】多孔海绵，淘宝网购制。

【修改建议】原文中的“购制”改为“购置”。

【简析】“购置”通常指购买或获取固定资产、设备、物品等，以供使用或保有，这个词通常用于公共行政、企事业单位等，指的是采购、置办资产或物品的行为。例如：政府机关购置办公设备。“购制”则是指购买和制造结合的行为，强调了购买并进行加工或制造的过程，属于先购买零部件的原材料，然后再进行加工制造的过程。

案例 28

【错例】这些多孔材料为了改善自身的疏水性，通常尺寸在纳米或微米。

【修改建议】原文中的“在”改为“为”。

【简析】“为”有“是”的意思，“尺寸为纳米或微米”表述出来的意思是尺寸在纳米和微米的范围内，而原文所写的“尺寸在纳米或微米”缺少“范围”这样的宾语，整句话不完整。

案例 29

【错例】该模型利用随机森林删选了对药物 ADMET 性质具有重要影响的分子描述符，并利用这些分子描述符预测 50 个化合物的 ADMET 性质。

【修改建议】原文中的“删选”改为“筛选”。

【简析】作者错将“筛选”的“筛”写成了“删”，这样的错误会让整句话意思改变。“筛选”指根据特定的标准或要求，从众多的选择中挑选出符合条件的部分，通常用于挑选或选择的过程，强调的是通过筛子或筛网来分离或挑选出符合要求的内容。“删选”是指从一组中删除或剔除不合适或不需要的部分，它强调的是去除或剔除的动作，通常用于文字、文件或其他内容的整理和处理过程中。

案例 30

【错例】其中 79 个化合物的实际值与预测值均为“0”；296 个个化合物的实际值与预测值均为“1”。

【修改建议】原文中的“296 个个”改为“296 个”。

【简析】原文多了一个“个”字，表述错误，属于多余字。

案例 31

【错例】内蒙古自治区高等学校创新团队发展计划持

【修改建议】原文中的“计划持”改为“计划”或“计划支持”。

【简析】在用计算机输入过程中很容易出现多字、少字、错字的情况，作者一定要认真检查。

案例 32

【错例】水化硅酸钙的比表面积大，使得其他絮凝组分先与水化硅酸钙发生反应。为了解决此类问题，选择 KH570 对水化硅酸钙进行改性，使其增加与其他组分的连接性，以制备复合絮凝剂。

【修改建议】原文中的“为了解决此类问题”改为“为了解决这种问题”。

【简析】“为了解决这种问题”的表述通常用于指代某个具体问题或情况，强调解决问题的动机或目的。例如，“为了解决这种问题，我们设计了一系列实验来验证假设。”“为了解决此类问题”的表述则更加泛化，用于描述一类或一类相似的问题。例如，“为了解决此类问题，我们探索了不同的方法。”在学术论文写作中，通常更偏向使用更具体和明确的表述，因为它们有助于确保读者准确理解研究的目标和方法。因此,“为了解决这种问题”在这里比较适合。

案例 33

【错例】目前已实施最新版规范,相比已被废止的规范在计算正截面受弯承载力有些许调整。

【修改建议】原文中的“有些许调整”改为“略有调整”。

【简析】在学术论文写作中,“略有”比“有些许”更为常见和更加正式,因为“略有”强调了微小的程度或数量,通常用于描述轻微的变化或影响。相比之下,“有些许”略显口语化或一般化,不如“略有”在学术语境中常见。

案例 34

【错例】本文构建的 GA-VMD-BiLSTM 混合预测模型包含 VMD 参数优化、碳价格分解、预测价格分量和预测分量聚合四个模块。GA-VMD-BiLSTM 混合预测模型的主要流程图如 1 所示,其中方框表示数据,圆框表示算法。

【修改建议】原文中“主要流程图如 1 所示”改为“主要流程如图 1 所示”。

【简析】“图 1”在文章中,“如 1 所示”表达不完善,容易产生歧义,而“如图 1 所示”就能明确表达图号。

案例 35

【错例】根据表 3 试验数据及方差分析原理,利用 Matlab 软件建立方差分析结果(表 4),表中 F 值的大小反应了各因素对试验结果的影响程度。

【修改建议】原文中的“反应”改为“反映”。

【简析】“反应”指有机体受体内或体外的刺激而引起的相应的活动,也指物质受作用而引起变化的现象和过程。“反映”是指把客观事物的实质表现出来。根据文中内容含义,本段话含义是 F 值大小变化对试验结果的影响程度,而不是指现象和过程,所以应改为“反映”。

案例 36

【错例】风积沙用于水泥基材料的主要问题是颗粒太细,集配不符合工程要求,其掺和比例超过一定量后会导致混凝土的力学性能和耐久性下降。

【修改建议】原文中的“集配”改为“级配”。

【简析】“集配”即集合分配,是一种将分散的、小规模的采购需求集中起来,通过统一的采购和配送方式,实现规模效益和效率提升的采购模式。“级配”是集料各级粒径颗粒的分配情况，可通过筛析试验确定。文中主要问题说的是风积沙的颗粒大小而不是集合分配问题，所以应改成“级配”。

4.2 汉语拼音

案例 1

【错例】作者姓名中的“吕”的拼音写成“LV”。

【修改建议】作者姓名中“吕”的拼音写成“LÜ” 或“LYU”。

【简析】在电脑上输入“吕”的拼音时，在键盘上用“V”代替“Ü”，但这不等于说“Ü”的拼音是“V”。《中国人名汉语拼音字母拼写规则》(GB/T 28039—2011)规定：“根据技术处理的特殊需要，必要的场合(如公民护照、对外文件和书刊等)，大写字母‘Ü’可以用‘YU’代替。”因此，书刊上作者姓名的“吕”的拼音(英文姓名)可以用“LYU”。

案例 2

【错例】Huhhot 010051,China

【修改建议】Hohhot 010051,China

【简析】内蒙古自治区首府城市呼和浩特市的英文名称书写错误，应该是“Hohhot”。呼和浩特的英文名“Hohhot”源自蒙古语，是对其发音的拉丁化转写。在蒙古语中，呼和浩特的发音类似于“Hohhot”，因此这个名称被用来作为其英文名。

案例 3

【错例】West Ujimqin banner Water Conservancy Development Center, Xilinhaote 026200,China

【修改建议】West Ujimqin banner Water Conservancy Development Center, Xilinhot 026200,China

【简析】根据 1976 年颁布的《少数民族语地名汉语拼音字母音译转写法》，“锡林浩特”应翻译为 Xilinhot，内蒙古自治区的一些城市名有专有拼音，而不是汉语直接转成拼音。

案例 4

【错例】Keywords：composite laminated rectangular plate；bifurcation；chaos；melnikov method

【修改建议】Keywords：composite laminated rectangular plate；bifurcation；chaos；Melnikov method

【简析】“Melnikov method”的意思是“梅尔尼科夫法”，在学术论文写作中，特殊名词包括具有特定含义的专业术语、理论名词、地名、人名、组织机构等，通过将它们的英文翻译大写，可以帮助读者更容易地识别和理解这些重要的概念或实体，确保在文中引用或讨论时准确无误。

4.3 语法

案例 1

【错例】但其他水化产物的衍射峰未在 XRD 图普显现出来。这可能是由于其他水化产物的含量少或结晶度低的原因未在 XRD 图谱中显示出来，因此……

【修改建议】但其他水化产物的衍射峰未在 XRD 图谱显现，这可能是由于其他水化产物的含量少或结晶度低。

【简析】第一，原文的“图普”存在错别字“普”，正确写法应当是“谱”；第二，原文“图谱显现出来”存在赘述的错误，主要问题是重复使用了表达同一含义的词语，即“显现”和“出来”，这种重复使用在语言表达中有时被视为不够简洁或不必要，虽然在口语或文学中可能会出现这种表达，但在正式的书面语言中，更常见的做法是选择一个词来清晰地传达意思，避免重复；第三，原文“由于其他水化产物的含量少或结晶度低的原因未在 XRD 图谱中显示出来”中“未在 XRD 图谱中显示出来”与前文重复，且“由于……的原因”略显赘余，“由于”后已经写明原因，就不必再提及“原因”二字。

案例 2

【错例】综上所述，可以证明本文提出的 GA-VMD-LSTM 模型在碳价格的预测表现上，相对其他模型有着明显的提升。

【修改建议】综上所述，可以证明本文提出的 GA-VMD-LSTM 模型在碳价格的预测表现上，相对其他模型有明显提升。

【简析】在科技论文中，表达“有明显提升”比“有着明显提升”更为合适和常见，这是因为在书面语言中，特别是在学术论文写作中，通常更倾向于使用简洁明了的表达方式，形如“有明显提升”的结构更直接地传达了所要表达的意思，而“有着明显提升”略显笨拙或啰唆。

案例 3

【错例】伊柴公路路线总体走向呈西至东走向，起点位于伊尔施机场路与国道 G331 交叉处，经金江沟、天池、兴安，终点位于柴桥。

【修改建议】伊柴公路路线总体呈西至东走向，起点位于伊尔施机场路与国道 G331 交叉处，经金江沟、天池、兴安，终点位于柴桥。

【简析】原句“总体走向呈西至东走向”中的“走向”被重复使用，使得表达显得啰唆，这句话的问题在于动词的选择和结构可能需要调整以提升语言的清晰度和准确性。

案例 4

【错例】针对于该问题，基于太阳能“削峰填谷”思想，本研究提出了一种基于土壤储热和固体除湿剂除湿的温室热湿调控系统。

【修改建议】针对该问题，基于太阳能“削峰填谷”思想，提出了一种基于土壤储热和固体除湿剂除湿的温室热湿调控系统。

【简析】在表达方式上，原句“针对于该问题”中的“于”是多余的，可以简化为“针对该问题”使句子更加清晰和简洁。其次，在科技论文中，“本研究提出了”和“提出了”都是合理的表达方式，“本研究提出了”通常用于强调研究的独创性和创新性，突出了这一研究工作是作者自己进行的，并且在某个领域或问题上提出了新的见解、方法或理论，这种表达方式适合用于介绍整个研究的主要内容或贡献。而“提出了”更为简洁，适用于对某个具体观点、方法或建议进行简要说明时使用，相比之下，它并不强调研究的独创性，而更侧重于简明扼要地介绍提出的内容。

案例 5

【错例】影响复合空间属性划分的因素包括空间界面的围合程度，界面的抬升与下降，空间的朝向，视线的通透程度等等。

【修改建议】影响复合空间属性划分的因素包括空间界面的围合程度，界面的抬升与下降，空间的朝向，视线的通透程度等。

【简析】在汉语中，“等等”是一个常用的词语，表示列举事物或动作等多种情况，它的使用符合汉语的语法规范和惯用法。但是在句尾“等等”的存在略显多余，且语法中没有这样的书写习惯，只用“等”表示多种情况即可。

案例 6

【错例】纤维表面羧基含量表明，低温交联剂与 PLA 大分子及丝胶蛋白发生了架桥反应，丝胶蛋白在 PLA 纤维表面的最大嫁接率分别可以达到为 6.16%、6.48%。

【修改建议】纤维表面羧基含量表明，低温交联剂与 PLA 大分子及丝胶蛋白发生了架桥反应，丝胶蛋白在 PLA 纤维表面的最大嫁接率分别可以达到 6.16%、6.48%。

【简析】在汉语中，“达到”是一个动词，可以用来表示达到某个目标或状态。例如，“达到了预期的效果”或者“达到了高峰期”。而“达到为”这种表达在语法上并不正确，因为“为”通常是一个介词，用于表示目的、理由或结果，不能直接接在动词后面构成一个合法的短语。因此，“达到为”这样的组合在汉语中是不符合语法规范的。

案例 7

【错例】这可能是过硫酸钾浓度过高会发生自聚，不利于引发单体成为自由基，影响染料上染到 PLA 纤维上，因此选择过 10%硫酸钾的用量为宜。

【修改建议】这可能是过硫酸钾浓度过高会发生自聚，不利于引发单体成为自由基，影响染料上染到 PLA 纤维上，因此选择 10%过硫酸钾的用量为宜。

【简析】“过硫酸钾”(potassium persulfate)是一种无机化合物，化学式为 $K_2S_2O_8$，它常用作氧化剂、漂白剂、聚合物化学反应的引发剂等，原文“过”字和 10%位置混乱，表述错误。

案例 8

【错例】因此，开发具有低密度、低吸水率、高重复利用率等关键性能的粗糙疏水表面材料仍然是一个迫切的需求。

【修改建议】因此，开发具有低密度、低吸水率、高重复利用率等关键性能的粗糙疏水表面材料仍然十分迫切。

【简析】在科技论文中，表达方式的选择通常取决于想要传达的语气和信息。“仍然是一个迫切的需求”强调了需求的存在并且指出它仍然持续存在，可能暗示这个需求已经被广泛认可或已经存在一段时间。“十分迫切”则更加直接和强调紧急性，突出了问题的迫切性和当前需要解决的紧急程度。本论文强调解决方案的迫切性，因此使用“十分迫切”可以更直接地呼吁读者关注问题的当前性和紧急性，选择哪种表达方式应根据具体论文的内容和作者意图来决定，以确保语气和信息传达的一致性和有效性。

案例 9

【错例】然而，大多数 MOFs 对潮湿条件和复杂气体环境的水敏性和高反应性限制了它们在实际中的广泛应用。因此，寻找一种可用于溢油清理和水净化的具有热稳定性和化学稳定性以及疏水性表面的 MOFs 是必须的。

【修改建议】然而，大多数 MOFs 对潮湿条件和复杂气体环境的水敏性和高反应性限制了其在实际中的广泛应用。因此，寻找一种可用于溢油清理和水净化的具有热稳定性和化学稳定性以及疏水性表面的 MOFs 成为研究重点。

【简析】第一，“它们”偏口语化，通常用来指代前文提到的复数名词或者复数代词，表示某些事物或概念的集合。“其”则是一个更正式的指示代词，用来指代前文提到的某个特定的事物或概念的所有权或归属。在学术论文中，“其”通常更符合正式语言的要求，显得更加严谨和专业，使用“其”可以避免重复使用“它们”或者具体的名词短语，使句子更加简洁和清晰。第二，句子末尾“是必须的”是口语化表达，建议换成“成为研究重点”。

案例 10

【错例】因此，我们以泵油作为模型，研究了改性海绵的循环吸附性能。使用过的海绵可以通过挤压来排除已吸附的最大吸收量的泵油并在烘箱中干燥来回收。

【修改建议】因此，以泵油作为模型，研究了改性海绵的循环吸附性能。使用过的海绵可以通过挤压来排除已吸附的最大吸收量的泵油并在烘箱中干燥回收。

【简析】在科技论文写作中，通常建议尽可能减少主观性和冗余的表达，以保持语句的简洁和客观性。原文应当删除“我们”，并简化语意，这样修改后的句子保留了核心信息，去除了不必要的主观性表达和语意赘述，使句子更加简洁和直接。其次，“干燥来回收”属于表述错误的问题或口语化表达，删除“来”，“干燥回收”表述更加合理。

案例 11

【错例】本文参考相关文献[16]中 3 组 BFRP 筋普通混凝土梁和文献[17]中 8 组 BFRP 筋海砂混凝土梁的试验结果。

【修改建议】本文参考文献[16]中 3 组 BFRP 筋普通混凝土梁和文献[17]中 8 组 BFRP 筋海砂混凝土梁的试验结果。

【简析】原文中的"参考相关文献[16]"改为"参考文献[16]"，删除"相关"，后面提到的文献非常清楚，不使用"相关"这样的模糊词。在科技论文中，一旦参考文献部分已经在论文中明确标注，读者会自然而然地知道在哪里找到论文所引用的文献，一般不需要再额外注明"参考相关文献"或类似的表述。

案例 12

【错例】内蒙古属我国四大高原之一，平均海拔在 1 000 m 左右。

【修改建议】内蒙古高原是我国四大高原之一，平均海拔在 1 000 m 左右。

【简析】"内蒙古"是"内蒙古自治区"的简称，"内蒙古高原"属于四大高原之一，表述中的错误在于将"内蒙古"描述为"我国四大高原"之一，将内蒙古的行政区划和地形地貌混为一谈。

案例 13

【错例】通过正交实验、单因素实验等方法优化，复合絮凝剂对洗毛废水的污泥去除量可达到 96%以上。

【修改建议】通过正交实验、单因素实验等方法优化，复合絮凝剂对洗毛废水的污泥去除量超过 96%。

【简析】在表达上，"可达到 96%以上"和"超过 96%"虽然意思相似，但在科技论文中，通常更倾向于简洁明了的表达，使用"超过 96%"通常更为精确和明确。使用"超过 96%"明确表明结果的范围，即大于 96%，而"可达到 96%以上"可能含糊了一些具体的数值，不如"超过 96%"表述精确。

案例 14

【错例】选用 6 m×6 m×6 m 的模块拼接组合为一座通用厂房，从竖直方向看，12 m 能够满足生产车间的需求，但对于办公空间来说层高较高，可在 4 m 处增设夹层，同时采用室外疏散楼梯，将夹层部分的疏散至于厂房外部，既保证安全，同时不破坏室内空间的完整性，为未来的更新改造创造条件。

【修改建议】选用 6 m×6 m×6 m 的模块拼接组合为一座通用厂房，从竖直方向看，12 m 能够满足生产车间的需求，但对于办公空间来说层高较高，可在 4 m 处增设夹层，同时采用室外疏散楼梯，将夹层部分的疏散置于厂房外部，既保证安全，同时不破坏室内空间的完整性，为未来的更新改造创造条件。

【简析】在原文中，“疏散至于厂房外部”表述错误，应当改成“置于”，动词“置于”更符合汉语表达习惯，用来描述某物被放置或安置在某个位置。在这种语境下，指的是将某物放置在厂房外部。而“至于”通常用于引出主题或对比，不太适合描述物体位置或状态的具体动作。因此，“疏散置于厂房外部”更能准确和自然地表达意思，而“疏散至于厂房外部”则语义上不通顺。

5 标点符号

案例 1

【错例】RMSE 可以对误差异常值有更高的惩罚，对误差的大小有更高的敏感性，常在优化问题中使用，MAE 计算方法更简便，可以更好地反应预测值和真实值之间的差异。

【修改建议】RMSE 可以对误差异常值有更高的惩罚，对误差的大小有更高的敏感性，常在优化问题中使用；MAE 计算方法更简便，可以更好地反映预测值和真实值之间的差异。

【简析】分号（；）用于连接两个独立但相关的句子，或者用于列举复杂成分之间的项目。分号可以用来分隔列举中的项目，特别是当列举中的项目包含逗号时，分号可以用来更清晰地分割各项目。原文内容属于并列结构，应该用分号来强调句子之间的关系，而不是用逗号断句。

案例 2

【错例】ZnO 的其他衍射峰出现，并随功率增大而增强，它们分别对应(100)、(101)、(102)、(110)和(112)晶面。

【修改建议】ZnO 的其他衍射峰出现，并随功率增大而增强，它们分别对应(100)、(101)、(102)、(110)、(112)晶面。

【简析】顿号（、）是汉语标点符号之一，主要用于并列词语之间，或者在列举的各项之间表示停顿。在列举的各项之间，尤其是在较短的词语或短语之间，可以使用顿号来分隔，原文(100)和(101)等序号代表了图片的序号，属于并列结构，应该使用顿号。

案例 3

【错例】对于粉土，差别不大，均可采用；但对于粉砂，现场静载荷试验按规范法测定的湿陷起始压力较实际普遍偏小。

【修改建议】对于粉土差别不大，均可采用；但对于粉砂，现场静载荷试验按规范法测定的湿陷起始压力较实际普遍偏小。

【简析】逗号通常用于分隔句子中的主体部分和附加说明，或者用来划分句子中的不同成分，以提高语句的清晰度和可读性。原文“对于粉土”是主语部分，“差别不大”是谓语部分，逗号不需要间断主谓结构，直接表达即可，使得句子简洁可读。

案例 4

【错例】汽车新能源化是推动实现“双碳”目标的重要举措，2022 年 1 月～10 月，动力电池累计装车量为 425.9 GWh。

【修改建议】汽车新能源化是推动实现“双碳”目标的重要举措，2022 年 1 月—10 月，动力电池累计装车量为 425.9 GWh。

【简析】标示时间起止应该用一字线“—”而不能用浪纹线“～”，在科技论文中，使用“—”连接月份通常是为了表示一段时间范围或者连续的时间段，以提供更具体的时间信息。这种格式通常被认为更加规范和清晰，有助于读者准确理解时间跨度。

案例 5

【错例】试验中保温被覆盖时间为 16:00～8:00；通风口开启时间 11:30～13:00；DDC 运行时间 9:00～16:00；NAH 运行时间 17:00～8:00。

【修改建议】试验中保温被覆盖时间为 16:00—8:00；通风口开启时间 11:30—13:00；DDC 运行时间 9:00—16:00；NAH 运行时间 17:00—8:00。

【简析】在科技论文写作中，使用“—”连接时间起止符号已经成为一种惯例，这种一致性有助于提高文本的专业性和可读性，使得信息传达更为精准和可信。实验当中时间起止符号应当用“—”，原文的“～”使用错误。

案例 6

【错例】本文利用逆向建模方法建立含预制裂纹缺陷的航空发动机叶片三维模型，叶片的材质为 TC-11，裂纹尺寸为 5 mm×1 mm×4.5 mm，如图 5(a)所示。

【修改建议】原文“图 5(a)”中的括号是全角，应当改成半角。

【简析】在很多国际期刊和学术出版物中，特别是英文和符号使用方面，半角括号是常见的标准。因此，为了遵循学术期刊的要求和国际写作习惯，图号括号常常使用半角形式。原文“图 5(a)”中的括号是全角，应当改成半角“( )”，即“5(a)”。

6 附录

6.1 近年科技期刊编校质量检查记录

表 1 学术期刊编校质量检查记录表(一)

页	段	行	误(不规范)	正(规范)	说明	计错数
封三	1	4	CN 15-1060/T ISSN 1001-5167	“-”应为“—”		0.2
封三	2	2	面向广大科学技术人员、校内教师及专家、学者、在读博士、硕士研究生征稿	“硕士”前的“、”改为“和”	“在读博士研究生、在读硕士研究生”简称“在读博士和硕士研究生”,与前面并列	0.1
封三	4～10	1	来稿要求及注意事项: 1、 2、 ⋮ 5、投稿方式: 学报网址: 6、	1)“注意事项”后的“:”改为“如下。” 2)“、”应为“.” 3)“投稿方式”后的“:”改为“为”	不应冒号套用	0.3
封底	3	2	NEIMENGGU GONGYEDAXUE XUEBAO	“GONGYE”与“DAXUE”间应空开		0.1
封底	4	右倒4	Ltd..	删去一个“.”		0.1
封底	4	右倒1	public	“p”应为“P”		0.1
目次		5	HAN Li－fu,LIU Tie－jun,LIU Dao－qi	删“－”	见《中国人名汉语拼音字母拼写规则》(GB/T 20839—2011)。全刊问题,不再一一记录	0.3
目次		9	卓海波,白福忠,李 萍,等	作者姓名应全部列出	全刊问题,不再一一记录	1
目次		倒1	CN15-1060/T＊1982＊B＊A4…	“-”应为“—” “B”应为“b”	《中国学术期刊(光盘版)》规定,“b”表示双月刊	0.2
241		10	中图分类号:O232;O302	“O”后应留空	全刊问题,不再一一记录	0.1
241		倒6	σ_{ij}为分子粘性作用而产生的作用在微元体表面粘性应力张量	“粘性”应为“黏性”	全刊问题,不再一一记录	3

表 1(续)

页	段	行	误(不规范)	正(规范)	说明	计错数
242		8	以下将借助 ANSYS—Fluent 软件进行计算	“—”应为“-”	与文章标题不一致	0.1
242		图 8 图题	大气喷射器三维模型沿中心轴线 XOY 剖面图	“XOY”应为斜体	全文多处	0.3
242		19	节点数 100309 个,单元数 513953 个	数字应空四分空	全刊问题,不再一一记录	0.3
243		表 1	1) Tab. 2) 表格的底线和顶线为细线 3) 项目栏第一列为空	1) “Tab.”应为“Table” 2) 表格的底线和顶线应为粗线 3) 项目栏第一列应补充“直径”,删去表身第一列中的“直径(mm)”,“mm”排在表题行,右空一格居右	全刊问题,不再一一记录 建议量和单位间用“/”,全刊不统一,如第 252 页图 2~4 中格式为:量/单位	0.2
243		图 4	标值线在图外侧	标值线应在图内侧	全文问题,不再一一记录	0.1
244	1	1	20m/s	“20”后应留空	全刊问题,不再一一记录	0.1
245		倒 4	本文所做的三维数值模拟建模、试验对照假设和分析、以及与轴对称的对比分析	“以及”前的“、”应为“,”		0.1
245		倒 2	MENTERF,KUNTZ M,LANGTRY RB.	“RB”间应留空		0.1
247		22	功能梯度材料可以有效的抑制接触损伤和破坏	“有效的”应为“有效地”		1
247		23	柯燎亮和汪越胜[8-9]	“柯燎亮和汪越胜”应为“Ke 和 Wang”	全文问题,不再一一记录	1
248		15	厚度为 h 的功能梯度压电材料涂层	“h”应为斜体	全文问题,不再一一记录	0.1
248		17	平均分为 N 层	“N”应为斜体	全文问题,不再一一记录	0.1
248		倒 4	$(j=1,2,3\cdots N)$	“$3\cdots N$”应为“$3,\cdots,N$”		0.2
248		倒 1	$[\bar{u}_{xj},\bar{u}_{zj},\bar{\varphi}_j,\bar{\sigma}_{zzj},\bar{\sigma}_{zxj},\tilde{D}_j]^T$	矩阵转置符号“T”应为正体	全文问题,不再一一记录	0.1
250		10	$\frac{1}{2\pi}\int_{-\infty}^{\infty}[F(s,h)][-p(s),0,0]^T e^{ins}\,\mathrm{d}s$	“π”“e”应为正体	全文问题,不再一一记录	0.2
251		倒 3	$P=1\ kN\cdot m^{-1}$	“$kN\cdot m^{-1}$”应为正体		0.2
252		图 2~4	横纵轴上的量 x、p(x)、a、P 等为正体,图中的“N”“n”等为正体	量的符号应为斜体	全文问题,不再一一记录	0.6

表 1(续)

页	段	行	误(不规范)	正(规范)	说明	计错数
252~253		图 3	图 3 跨两页	通过图 2 串文、缩小插图等使图 3 排在一页		0.5
254		16	gradients: A new	“A”应为“a”		0.1
256		8	傅里叶—极坐标变换	“—”应为“-”	全文问题,不再一一记录	0.2
257		18	tan(θ)	tan θ		0.3
257		23、24	tanθ_1 tanθ_2	tan θ_1 tan θ_2	全文问题,不再一一记录	
258~260		图 1~6	横纵轴上的量 ϕ、r、x、P 等为正体	应为斜体	全文问题,不再一一记录	0.4
260		图 7	图 7 位置有误	图 7 后移,应先文后图		0.5
261		表 1	表 1 位置有误	表 1 后移,应先文后表		0.5
263		7	针对目前复合材料缠绕成型工艺参数的控制,多使用独立控制单元,相互之间缺少关联,难以进行统一的控制与管理.结合实际工程,设计一款基于可编程控制器……	“结合”前的“.”应为“,”		0.1
263		15	不仅具有高比强度、高比模量、而且抗疲劳、耐腐蚀能力优秀	“而且”前的“、”应为“,”		0.1
263		21	Liu T 等	“Liu T”应为“刘廷瑞”		0.1
263		倒 6	其它专用设备	“其它”应为“其他”	261 页“结论”第 3 行用的是“其他”,全刊不统一	1
264		3	PLC—1215	“—”应为“-”	全文问题,不再一一记录	0.1
265		倒 2	通过 PID 调节比例——积分——微分进行控制	“——”应为“-”		0.1
267		1	首先应建立设备间通信连接与组态,(前提是:设备地址应在同一网段)进行数据变量关联	“(”前的“,”移至“)”后		0.1
267		4	有利于缠绕设备能够被更加安全高效的使用	“高效的”应为“高效地”		1
267		10	使系统更加稳定高效的运行	“高效的”应为“高效地”		1
269			约占全身骨折的 1/6~1/4	删除“约”		1

表 1(续)

页	段	行	误(不规范)	正(规范)	说明	计错数
270		8	考虑到模块定位问题,容易绕前臂滑动.因此,在手腕掌侧和背侧中立处通过两个具有固定、牵伸、活动模式的功能模块与上、下夹板固定连接	“因此”前的“.”应为“,”		0.1
272		倒 4	选取外固定支具关键尺寸手掌模块长 L_1,厚度 W_1,高度 H_1,手臂模块总高 H_2,滑块高度 H_3 为设计变量	4 个“,”应为“、”		0.4
273		19	该方法以最少的试验循环提供大量的关于实验变量和实验误差的信息	“实验”应为“试验”	全文“实验”“试验”不统一	1
275		11	而手掌模块厚 W_1,高 H_1,手臂模块总高 H_2,滑块高 H_3 对目标变量影响相对较大	3 个“,”应为“、”		0.3
275		倒 6	图中红色区域为建议去除区域,深灰色为保留区域,棕色为过渡区域	黑白图看不出颜色		1
278		2	基于 ZigBee 电缆隧道巡检机器人通讯系统设计	“通讯”应为“通信”	全文“通讯”“通信”使用混乱,根据《现代汉语词典》,应用“通信”	1
278		19	极大的缩减了机器人的无线通讯距离	“极大的”应为“极大地” “通讯”应为“通信”		2
279		图 1	Zigbee 通信模块	“Zigbee”应为“ZigBee”		0.1
280		图 4	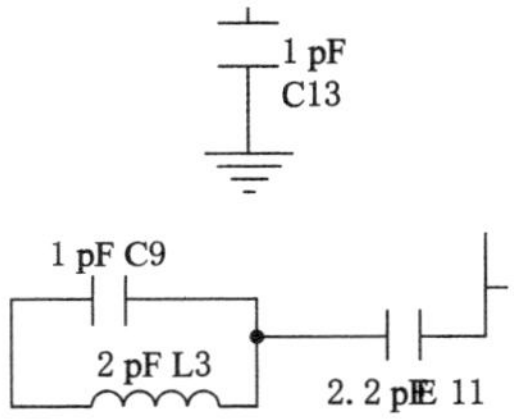	1) 接地的符号为 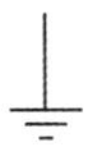 2) 图中字与图和字与字间交叉重叠		0.5
282		6	$RSSI=-\left(81-\frac{LQI*91}{255}\right)$	“ * ”应为“×”,2 处		0.2
283		11	LV De-wen	LÜ Dewen		1
285		倒 7	3 个不同的角色	数字用法需统一	286 页为“四个子文件”等,全刊数字用法不统一	1
290		15	16G 内存	“G”应为“GB”		0.5
290		表 1	数据大小 kb	数据大小(kbit)		0.5

表 1(续)

页	段	行	误(不规范)	正(规范)	说明	计错数
291		表 2	准确率% 计算时间秒 *L*% 96%　　96.3% 99.7%　99.5%	准确率(%) 计算时间(s) *L*(%) "96"应为"96.0" 数据上的"%"应删除	多处	0.1 0.1 0.1 0.4
293		倒 1	MITM Attack	" Attack"应为" attack"		0.1
294		倒 6	对实验结果的影响研究	文章标题等为"试验研究",故"实验"统一为"试验"	全文"试验""实验"不统一	1

表 2　学术期刊编校质量检查记录表(二)

页	段	行	误(不规范)	正(规范)	说明	计错数
7		11 行	*rank*	rank	应为正体	0.5
9 11 12		倒 16 倒 1 正 6		,	加","或空格(相同错误)	0.3
9		倒 14	(8)-(11)	(8)—(11)	一字线	0.1
17		正 13	*diag*	diag	应为正体	0.5
18		正 3	*Chebyshev*	Chebyshev	应为正体	0.5
封 3		2～3	国家教委和国家新闻出版广电总局	国家新闻出版署	不规范	2
封 3		5	国内统一刊号 国际标准刊号	国内统一连续出版物号 国际标注连续出版物号	不规范	2
封底	拼音刊名	2	NEIMONGOL	NEIMENGGU	不符合《汉语拼音正词法基本规则》(GB/T 16159－2012)6.2.3条规定	1
195	公式(11)		公式换行错误		公式转行不符合规定	0.1
195	右栏	10	为计算高可靠,长寿命复杂系统的……	为计算高可靠、长寿命复杂系统的……	标点符号错误	0.1
195	右栏	15	i	*i*	正斜体错误,另文中希腊字母变量也应为斜体	0.1
197	左栏	16	英寸	1 英寸＝2.54 cm	非法计量单位且无换算关系	0.1
200		13	the more accurate the Ostrowski－Brauer theorem	删掉第 2 个 the	多冠词 the	1

表 2(续)

页	段	行	误(不规范)	正(规范)	说明	计错数
200		倒 3	自治区	内蒙古自治区	缺字	1
201	右	倒 3、4	*T*	T	两处	0.2
208	图 2		两个分图中的 118 w	1L8W	图文不一致	0.5
212	右栏	倒 7	,前换行	将“,”移至上一行末	标点符号误在行首	0.1
215	图 4		4rd run	4th run	拼写错误	1
217		18	…,and…, and…, and…,	删掉前面两处 and	多连词	1
217		20	The	the	大小写错误	0.1
217		21	are	were	时态与前文不一致	0.1
224	参考文献	24～39	格式错误、大小写错误等	删掉缩略点,作者姓大写,文题普通词小写等	参考文献格式错误全期累计	1

6.2 期刊审读、编校常用规定和标准

《学位论文编写规则》(GB/T 7713.1—2006)

《科技报告编写规则》(GB/T 7713.3—2014)

《学术论文编写规则》(GB/T 7713.2—2022)

《中国人名汉语拼音字母拼写规则》(GB/T 28039—2011)

《文摘编写规则》(GB 6447—1986)

《文献主题标引规则》(GB/T 3860—2009)

《学术出版规范 关键词编写规则》(CY/T 173—2019)

《科技文献的章节编号方法》(CY/T 35—2001)

《通用规范汉字表》(2013-08-19,国务院)

《第一批异形词整理表》(2002,教育部,国家语言文字工作委员会)

《第二批异形词整理表》(2004,教育部,国家语言文字工作委员会)

《中文出版物夹用英文的编辑规范》(CY/T 154—2017)

《汉语拼音正词法基本规则》(GB/T 16159—2012)

《标点符号用法》(GB/T 15834—2011)

《出版物上数字用法》(GB/T 15835—2011)

《日期和时间 信息交换表示法 第 1 部分:基本原则》(GB/T 7408.1—2023)

《数值修约规则与极限数值的表达和判定》(GB/T 8170—2008)

《学术出版规范 表格》(CY/T 170—2019)

《学术出版规范 插图》(CY/T 171—2019)
《中华人民共和国法定计量单位》(1984,国务院)
《国际单位制及其应用》(GB 3100—1993)
《有关量、单位和符号的一般原则》(GB 3101—1993)
《空间和时间的量和单位》(GB 3102.1—1993)
《周期及其有关现象的量和单位》(GB 3102.2—1993)
《力学的量和单位》(GB 3102.3—1993)
《热学的量和单位》(GB 3102.4—1993)
《电学和磁学的量和单位》(GB 3102.5—1993)
《光及有关电磁辐射的量和单位》(GB 3102.6—1993)
《声学的量和单位》(GB 3102.7—1993)
《物理化学和分子物理学的量和单位》(GB 3102.8—1993)
《原子物理学和核物理学的量和单位》(GB 3102.9—1993)
《核反应和电离辐射的量和单位》(GB 3102.10—1993)
《物理科学和技术中使用的数学符号》(GB 3102.11—1993)
《特征数》(GB 3102.12—1993)
《固体物理学的量和单位》(GB 3102.13—1993)
《信息与文献 参考文献著录规则》(GB/T 7714—2015)

6.3 不同学科论文审稿意见汇总

6.3.1 数理科学类稿件审稿意见

【论文题目】具有两个不连续点的二阶微分算子的J-自伴性

【审稿意见】论文通过定义新的 Hilbert 空间和新的算子 T 研究了一类具有两个不连续点的微分算子 T 的 J-自伴性、特征值问题与格林函数。证明了算子 T 在新的 Hilbert 空间中是自伴的,并给出了 lambda 是 T 的特征值的必要条件和算子 T 的格林函数。J-自伴算子是常微分算子理论中的一个重要内容。本文研究了具有两个不连续点的二阶微分算子的 J-自伴性,通过定义新的空间和新的算子,采用经典的方法,得到了算子的 J-自伴性。总体来说,该论文行文较为流畅,语言规范,创新度比较好,研究具有一定的理论意义。但存在以下问题:

1. 根据定理 1 的证明,最大算子域的定义中应该是每个区间都要考虑局部的连续性,而文中未考虑。

2. 文中有许多笔误,如引理 2 证明中的第 3 行,格林函数的表达式、摘要中的算子 L 应为算子 T 等。作者应仔细检查。

3. 一些公式的书写不规范，如全文的导数符号都不规范。作者应加强论文写作规范能力，避免一些专业性错误。

4. 论文中还有一些标点和语句应仔细斟酌，请仔细检查并统一修改，作者应加强标点符号的规范使用。

【审稿结论】鉴于以上问题，建议修改后再审。

【论文题目】基于乳腺癌空间转录组学和图卷积网络的 DGI 算法研究

【审稿意见】空间转录组测序数据是当前生物测序比较热门的新技术，相比于 scRNA-seq 技术，其能够弥补测序中 scRNA-seq 无法捕捉到的空间和形态学信息。论文《基于乳腺癌空间转录组学和图卷积网络的 DGI 算法研究》在乳腺癌 10×Visium 空间转录组数据集上使用一种基于图卷积网络的无监督细胞聚类方法——深度图互信息模型(DGI)进行空间层次细胞聚类研究。结果显示，相比于前人已经发表的七种算法，文中使用的 DGI 算法展示出较好的性能，并且能够出色识别出与乳腺癌的发生发展有非常密切关系的 marker 基因，本文使用的基于空间转录组学的空间聚类 DGI 算法能够对乳腺癌诊断和预后产生新的见解。然而，论文尚存在以下问题：

1. 论文题目为“基于乳腺癌空间转录组学和图卷积网络的 DGI 算法研究”，从题目看论文要通过一个实例来研究 DGI 算法，但是论文的内容却是应用 DGI 算法到一个实例上，并没有对 DGI 算法本身进行研究。因此，论文题目不恰当，需要修改。

2. 从论文的结果看，作者试图证明 DGI 算法可以应用于乳腺癌空间转录组学的分析中，并能够对乳腺癌诊断和预后产生新的见解。如果是这样，那么在当前论文的引言部分，对于乳腺癌诊断方法的国内外研究进展描述就显得非常欠缺。尤其是最新发展的一些 AI 方法在乳腺癌诊断方面的成功事例并没有被作者所注意。比如文献：Naik N，Madani A，Esteva A，et al. Deep learning-enabled breast cancer hormonal receptor status determination from base-level H&E stains[J]. Nat Commun，2020，11(1)：5727.

3. 论文 1.2 节标题为“数据预处理”，其中第一段介绍了混合邻接矩阵 $\boldsymbol{A}$ 即公式(1)，但如何利用公式(1)进行数据预处理，文中并没有表述。此外，在 1.3 节的第一段也给出一个矩阵 $\boldsymbol{A}$，两个矩阵都称为“混合邻接矩阵”，都用字母 $\boldsymbol{A}$ 来表示，看上去应该是同一个矩阵。但据 1.3 节的描述，此外的矩阵 $\boldsymbol{A}$ 的矩阵元取值非 0 即 1，而 1.2 节式(1)所定义的矩阵 $\boldsymbol{A}$ 其矩阵元应该不是取 0 和 1，似乎二者又不相同。那么，1.2 节公式(1)的矩阵 $\boldsymbol{A}$ 与 1.3 节第一段的矩阵 $\boldsymbol{A}$ 之间是什么关系？作者应该交代清楚。

4. 论文 1.3 节是关于 DGI 模型的描述，按照原题目，这一节应该是本文的重点。但从论文的表述来看，此节仅仅是对 DGI 算法原始文献（论文中的参考文献[13]）中 3.1 和 3.2 节的直译，对其中多个参数的含义并没有给出明确的解释。比如作者说 H 为高阶表示（文中为高级表示，这里应该是笔误），那么这里的高阶表示是如何定义的？式(4)在 DGI 模型中是如何起作用的？判别器 D 是如何定义的？等等。

5. 论文 1.4 节，“根据差异显著性检验（p value）小于 0.05”，这个表述不合适，将此表述的核心词提出来就是：“检验小于 0.05”，表述逻辑不正确。此外，这里的差异显著性检验指的是什么样的假设检验？是 t 检验、U 检验还是其他什么检验？作者应该交代清楚。

6. 结果图 1 和图 2 的图例中 0，1，2，…，20 代表什么？作者应该交代清楚。

7. 基于 10×Visium 的乳腺癌数据集，作者横向与其他几种方法做了比较，为了增加算法的泛化能力，建议作者再增加 10×Visium 或者其他测序方法数据集上 DGI 算法的性能。

8. 在数据预处理环节，作者引入超参数 λ 来生成混合邻接矩阵，文章采用的超参数 λ 的结果是如何优化出来的，作者应该解释清楚。

9. 作者在比较簇 4（肿瘤边缘 3）与簇 8 做差异表达基因环节，Scanpy 软件相比于其他差异分析软件有什么优势，对于 p 值以及 Fold Change 的阈值选择，作者应该引用更多的文献说明。

10. 文中一些缩略词在首次出现时并未给出全称，降低了论文的可读性。

【审稿结论】鉴于以上问题，建议大量修改后再审。

【论文题目】基于各向异性网络模型分析 A_{2A} 腺苷受体变构过程中的关键残基

【审稿意见】本篇文章深入探讨了 A_{2A}AR 的分子结构和激活机制，揭示了 A_{2A}AR 在受体激活过程中的关键角色。首先，通过粗粒化弹性网络模型（ANM）的分析，作者成功预测了 A_{2A}AR 中各个残基的振动特性并深入了解其结构的柔性和稳定性。其次，作者通过快运动和慢运动模式的研究，识别了与受体激活密切相关的关键残基。此外，作者用交叉关联系数分析的方法，揭示了残基之间的相互联系。总体而言，本篇文章具有一定的创新性，其研究成果可以深化人们对 A_{2A}AR 的认识，促进 A_{2A}AR 的蛋白质的功能改造和相关新药研发，对生物医学领域的研究具有一定意义。但这篇文章还存在一些不足之处需要改进：

1. 材料与方法的 1.1 节数据部分：4EIY、4UG2 和 5G53 中存在部分残基缺失。在条件允许的情况下作者可以考虑使用如 Modeller、SWISS-MODEL 等工具，根据可获得的结构信息(例如 Alphafold2 预测或其他同源蛋白)通过同源序列进行模型构建和修复，填补数据中的缺失部分。如果条件不允许，作者应针对该部分数据的缺失可能对结果准确性产生的影响进行讨论。

2. 材料与方法的 1.2 节各向异性网络模型部分：ANM 模型可能受到简化的影响而导致模型的不准确。作者可以考虑使用其他方法或模型来验证和补充 ANM 模型的结果或指出自己选择 ANM 模型的原因、其可能存在的限制及对结果的影响。

3. 结果与讨论的 2.2 节腺苷受体激活过程的动力学分析部分：图 4 对于 A_{2A}AR 三个状态的残基运动柔性度量的表示不够直观，ECL、ICL 与关键残基应该在图上被明显标记出来。

4. 总结部分：作者应对自己提出的见解如何适用于更广泛的生物学和药物设计领域进行一定的补充说明。

5. 论文中根据快慢两种方式进行了分析，但没有对为什么进行这两种方式的分析给出清晰的解释和说明，作者应补充此项解释和说明。

6. 互相关分析的结果表明，存在强的正负相关结果，作者应该对其对应的生物学意义给出详细的总结和说明。

7. 作者最好能够提供各向异性模型代码链接，方便工作的交叉验证。

【审稿结论】鉴于以上问题，建议修改后再审。

【论文题目】简单随机抽样中总体均值的两种改进估计量

【审稿意见】文章提出了简单随机抽样下新的估计总体均值的指数比值型估计量和改进的回归估计量，得到了估计量均方误差的一阶近似表达式。文章与现有效率较高的一些估计量的均方误差进行比较，证实在一定条件下新的估计量优于这些估计量，并用来自农业、人口统计学、教育三个领域的真实数据算例验证了理论结果。文章研究思路清晰，行文流畅简洁，数据和结论可靠。但也存在以下一些问题：

1. 论文中提到的文献[3]提出了有辅助信息时总体均值的一类新的比估计量，且效率较高。论文将所提出的新估计量与现有的多个估计量进行了比较，唯独缺少与文献[3]的比较，建议补充与文献[3]的比较分析。

2. 论文从数学证明到实例检验均证明新的估计量具有优势，但没有充分地阐述新的估计量之所以高效的核心原因是什么，是由于增加辅助信息？还是由于新估计量引入了 k_1、k_2、k_3 三个可调参数？还是二者均有？若是二者均有，应该交代清楚哪个因素更为主要。

3. 论文总结部分几乎是简单地重复了摘要的内容，建议重新归纳，主要说明此项研究所得结论的意义和价值所在。

4. “Kadilar 和 Cingi 将已有的比值型估计量两两进行线性拟合得到几个新的估计量[4]”，存在描述不清的问题。

5. “X:苹果数数量”，存在多字的问题。

6. “SRSWOR”似乎应该为 Simple Random Sampling WithOut Replacement（简单随机不放回抽样）的缩写，文章中在首次出现该缩写时应给出全称。

7. 表 2 中 $\bar{y}$ 的 y 应该为斜体，以保证表格中字体格式统一。

8. “设 $\bar{X}=\frac{1}{N}\sum_{i}^{N}x_i\bar{Y}=\frac{1}{N}\sum_{i}^{N}y_i$ 分别为辅助变量和研究变量的总体均值”，两个公式之间缺少间隔符号，公式之间应加“,”分隔。

9. “……较满意的结果[13][14][15][24]”，参考文献序号 13、14、15 是连续的，应改为“[13-15,24]”。

10. 参考文献序号[13][14][18]的作者格式与其他参考文献不一致。

11. 文中所有表格应为三线表，去掉多余的横线。

【审稿结论】鉴于以上问题，建议修改后再审。

6.3.2 机械工程类稿件审稿意见

【论文题目】不同进给速度对加工中心用滚珠丝杠进给系统热变形的影响

【审稿意见】论文以 VDL600A 立式加工中心进给系统为研究对象，通过试验测量关键点的温升和热误差，研究了不同进给速度对滚珠丝杠进给系统热变形的影响。结果表明：进给系统关键点的温升与进给速度正相关，丝杠螺母和电机侧轴承受电机运行生热影响较大；进给系统热误差、热平衡时间随着进给速度的增加而分别增加和减小。论文工作对精密加工具有工程价值，但论文中还存在以下几个问题：

1. 文中未见试验测量装置实物图，请作者补充，否则无法证明结果的可信性。

2. 表 1 是图片形式，建议以表格形式给出，更加清晰明了。

3. P3 右栏“轴承座、右侧导轨下滑块右端轴承座”，表述不清，是否为“左端轴承座、右侧导轨下滑块、右端轴承座 ”，请作者仔细核实。

4. 论文中存在表述不准确、欠精炼、重复、错别字等，请作者仔细检查修改。

5. 结合图 4、5 的分析阐述内容太少，应详细阐述、分析。

6. 摘要提及的“研究结果为热误差建模提供数据支持”，在结论中没有找到相关内容，应有对应内容。

7. 图 5 仅用来反映“变化趋势”，占用篇幅太大，应精简。

8. 参考文献相对陈旧，补充近几年较新参考文献。

【审稿结论】鉴于以上问题，建议修改后再审。

【论文题目】水下法兰连接器密封结构优化设计研究

【审稿意见】文章针对水下法兰连接器密封结构的优化设计进行了研究，对水下法兰连接器的密封结构进行了改进，并在多种因素下考虑水下法兰连接器的密封性能和寿命，研究结果对水下法兰连接器的密封设计具有参考价值。但是文章的贡献在摘要和结论中没有很好地呈现，建议完善，同时，可以进一步考虑以下问题：

1. 突出本文所采用方法的实质性贡献，建议补充。

2. 建议补充法兰连接器的工作环境/背景的描述，以便读者更加清晰此工作的研究意义。

3. 在结论的描述中，并没有显示任何未来的工作方向，建议改进和扩展。

4. 建议在摘要部分中突出本文所采用方法相比于以往研究的优点和缺点，以便读者更熟悉本文的研究主题。

5. 建议补充水下法兰连接器的等效应力分布图。

6. 文中参考文献的“前沿性”不足，建议更新。

7. 请严格按照期刊模板中指定的格式编写论文，单位、变量、中文、英文等格式在文章中过于混乱。

8. 文章中的图片，作者需要用专业软件重新画一下，并更新字体及格式。

9. 文章中采用的 41.4 MPa 下的优化前后对比，请标明选用 1.2 倍压力进行分析的标准来源。

【审稿结论】鉴于以上问题，建议修改后再审。

6.3.3 材料科学与工程类稿件审稿意见

【论文题目】表面处理工艺对 NiTi 合金表面质量及表面性能分析

【审稿意见】该研究工作具有较重要的学术意义及良好的应用前景，但文字表达、写作质量及论述的严谨性等方面，特别是所涉及的“表面质量”“表面性能”“生物相容性”等概念内涵不明确或外延不清晰，导致论文表达不够严谨，逻辑性及可读性均存在问题，需要进一步完善：

1. 作者应说明“表面质量”的评价指标有哪些；如何根据“划痕”的长度、宽度、深度等评价表面质量；作为医用合金材料，应交代清楚什么样的“表面质量”才是合格的；作者评价医用合金质量的标准不够明确，且文中存在相互矛盾的表述：如 P3 页“从表 2 的结果看出，酸洗试样表面最粗糙（Ra：33.7nm），其次为机械打磨试样（Ra：7.78nm），电化学抛光试样表面最光滑（Ra：0.65 nm）。”既然机械打磨试样的表面存在“划痕”，为不合格试样（“从图 1 可以看出，经过机械打磨后，合金表面有很多明显的划痕，表面质量较差”），后续的“粗糙度”测试就没有意义，也没有必要了。而粗糙度测试结果却表明“机械打磨试样的粗糙度低于酸洗试样”，酸洗的腐蚀深度超过“划痕”深度？若如此，说明酸洗过度。

2. P3 页“经过电化学抛光后的试样，表面已经基本看不到明显的划痕，且表面光亮平整，更具有规则的结构和均匀性，大大增加了金属的光泽性，表面质量较好。”此段表述含混。什么是“规则的结构和均匀性”？如何定义合金表面结构的规则性与均匀性？应予以较详细说明。

3. 题目与研究内容不能够很好吻合。根据研究内容，题目应改为“不同表面处理工艺对医用 NiTi 形状记忆合金表面特征及耐腐蚀性能对比”，这样与研究内容更贴切。

4. P5 页二级标题“生物相容性”，该节所进行的性能指标仅涉及“Ni 离子析出速率”“析出量”，仅用“Ni 离子析出速率”“析出量”的测试结果评价“生物相容性”，缺乏足够的说服力。

5. 结论仅为结果的重复。应对重要“发现”“现象”及“具有普遍意义的规律”进行总结，形成定论。

【审稿结论】鉴于以上问题，建议大量修改后再审。

【论文题目】TiCp/Ti 复合材料环件成形数值模拟及实验研究

【审稿意见】论文首先使用 Deform-3D 软件对 TiCp/Ti 复合材料环件的成形过程进行数值模拟，通过分析不同温度、冲孔速度下的应力场、流动场和金属损伤以此确定适合该复合材料环件成形的最佳工艺参数，其后在最佳工艺参数下镦拔锻造和冲孔制备得到了 TiCp/Ti 复合材料环件。TiCp/Ti 复合材料环件具有低损伤、均匀的微观组织以及均衡的常高温拉伸性能，符合模拟结果与实验预期，可为钛基复合材料环件成形及工艺优化提供指导。但仍存在一些问题，需要进一步完善：

1. 应说明复合材料是如何制备的和 C 是以什么形式引入的。

2. 应说明 TiCp/Ti 复合材料环件室温和高温拉伸应变速率分别为多少，拉伸试样尺寸遵循的是什么标准。

3. 图 3 中在 950 ℃、30 mm/s 的变形条件下的凸模载荷上升的弹性阶段显著区别于其他变形条件，应解释这种现象是什么原因导致的，并说明是材料本身原因还是模拟过程出现的个别异常现象。

4. 图 8 中“图 8(d)IPF 图晶粒颜色分布可以看出，α 相的取向比较随机，无明显织构形成”谈及复合材料的晶体取向分布以及织构时，需要给出极图和最大织构强度。

5. 关键词的选取需要突出文章核心研究内容，摘要中并未体现。

6. 3.2 节第一段文字描述了从图 8(a)、8(b)SEM 图中可以看出，环件微观组织组成为片层 α 相、等轴 α 相、残余 β 相和 TiCp，但是 SEM 图中未标记残余 β 相，建议修改。

7. 3.2 节第二段从图 7(d)IPF 图中可以看出，应为图 8(d)IPF，图片与文字描述需一一对应，建议全文检查。

8. 请解释室温和高温拉伸下为何不选取一样的拉伸试件尺寸，而是两种尺寸。

9. 出现参考文献格式不统一、标点错误等现象，仔细核查参考文献格式。

【审稿结论】鉴于以上问题，建议修改后再审。

6.3.4 化学工程类稿件审稿意见

【论文题目】SO_2储集材料调控制备钡基硫酸盐的研究

【审稿意见】在论文《SO_2储集材料调控制备钡基硫酸盐的研究》中，作者报道了等摩尔乙二醇丙醚和二甲基亚砜组成的二元体系吸收 SO_2并转化为 SO_2储集材料的创新性研究结果，系统考察了钡离子浓度、H_2O_2浓度、超声反应时间、气体解吸速率和 C_2H_5OH 的添加量等影响因素，确定了最佳反应条件，并以此 $BaCl_2$反应调控制得多种形貌 $BaSO_4$。期间，作者对储集材料和 $BaSO_4$ 的调控制备进行了系统研究。该研究为 SO_2的捕获、利用及其转化提供了一种新的参考。为了提升论文的质量，还需要进一步完善以下几个方面：

1. 修正英文摘要中一些语法错误：was→were，an→a。$BaSO_4$ particles with various morphologies were prepared by reacting $BaCl_2$ with SO_2 storage material under room temperature conditions. 这句需要修改完善，并对摘要进行认真校对。

2. 作者述及“称取约 15 g 的 2-PE 和 DMSO 溶液，配置成摩尔比为 1∶1 的混合溶液”，需要对配置比例进行解释或者说明，明确表达该比例选择依据。亦需要作者对于储集材料的存在形式及键合方式给出更为详细的信息。

3. 建议作者在单因素条件考察后，对所获得的硫酸钡进行的形成过程进行机制及过程的分析及讨论。特别是该过程可以获得循环，更能提升该过程的新颖性和工作意义。在结论中，需要作者明确所获得硫酸钡的晶型、结构等信息。

4. 英文简写首次出现时要标注中文名称，如：SEM、FTIR、XRD 等，便于其他专业领域的读者获取信息。

5. “通过考察钡离子浓度，H_2O_2 浓度，超声反应时间，气体解吸速率及 C_2H_5OH 的添加量对硫酸盐的影响，制备出了高纯度的矩形、花型片状纳米级 $BaSO_4$”中，矩形和花型，形和型具有不同的意义，表达不清。

6. “本研究旨在制备一种具有高效储集 SO_2 性能的钡基硫酸盐材料。”研究目的不清楚，是利用捕集 SO_2 得到的储集材料制备钡基硫酸盐，而不是制备具有高效储集 SO_2 性能的钡基硫酸盐材料。

7. “静止并冷却至室温后得到白沉淀。”是错误的，应为“白色沉淀”。

8. 图 1 的图题不正确，请仔细检查修改。

9. “使用加速电压为 15.0 kV 的扫描电子显微镜(Quanta FEG 650)对所制备的钡基硫酸盐进行表征分析。”进行什么表征应写清楚，同样在 XRD 表征中也存在类似问题。

10. “这些吸收特征峰与 $BaSO_4$ 的特征峰的文献值相吻合，表明产物为纯 $BaSO_4$[29]。随着 $BaCl_2$ 浓度的增加，$BaSO_4$ 的晶型没有发生变化，说明此过程制备出的样品为纯的 $BaSO_4$ 且具有稳定的晶型。”只根据红外分析结果，不能得到上述结论。

11. “溶液中成核位点间的碰撞加剧”，成核位点表述概念不准确。

12. 对图 5 的分析存在错误，红外表征结果不能定义晶型。其他红外表征结果中也有类似问题。

13. 为什么只在考察是否添加 C_2H_5OH 研究中用 XRD 表征，而其他情况没有，请作者解释说明。

【审稿结论】鉴于以上问题，建议修改后再审。

【论文题目】CeO_2/SBA-16 的制备和疏水改性及其催化臭氧氧化降解双酚 A 的研究

【审稿意见】在论文《CeO_2/SBA-16 的制备和疏水改性及其催化臭氧氧化降解双酚 A 的研究》中，作者叙述了 CeO_2/SBA-16 系列催化剂的合成及表面疏水改性，并用于催化臭氧氧化降解双酚 A 的研究，取得了较好的研究结果。作者对催化剂的表征较为系统，降解机制分析也有独特之处。这篇论文接收发表后，会有相关领域的研究人员参考和引用的。为了提升论文的质量，还需要进一步完善以下几个方面：

1. 作者需要对 CeO_2/SBA-16 对双酚 A 的吸附性能进行深度讨论。由于 SBA 系列分子筛本身对多种物质具有较好的物理吸附性能，这种吸附过程会对性能评价产生何种影响，特别是对吸附、催化氧化、降解等性能有何种影响，协同作用如何等，需深入讨论。

2. 在 1.2 节中，CeO_2/SBA-16 中 CeO_2 溶液的浓度需要作者提供，便于读者开展验证性工作和比较。

3. 3.3 节中，作者对“3 480 cm^{-1}处的峰归因于表面 Si—OH 基团和吸附水分子的伸缩振动，及 1 645 cm^{-1}处的峰归因于表面 Si—OH 基团弯曲振动”的归属不是十分准确，1 645 cm^{-1}处还会联系到水的弯曲振动，这需要结合 TGA 结果进行深入分析。

4. 建议作者增补类似材料吸附、降解、氧化双酚 A 的数据进行建表、比较，以说明本文工作的优势和先进性。

5. 引用文献[1]出版于 2016 年，用来反映近年的环境情况显然是不合理的，作者需要更换为近两年出版的相关文献来修正这一点。

6. 1.2 节材料制备方法采用 550 ℃煅烧，作者应说明采取什么气氛环境，是空气氛围还是对应的保护气氛，作者在煅烧前对样品的干燥氛围表明了真空干燥，但后续处理上只标明了干燥，干燥氛围是否产生变化请标注。

7. 表 1 给出了样品的孔径，但是处理后的样品孔径为何变大，未给予相应解释说明。

8. 本文提到了 BPA 的危害与降解 BPA 的重要性，未做任何解释降解 TOC 作为对比，应给出相应解释来说明降解 TOC 的作用与意义。

9. “大量研究表明，非均相催化臭氧氧化反应过程发生在固体催化剂的表面”，应给出几篇文献引用证明。

10. “对 SBA-16 等介孔分子筛进行有机官能团修饰，是近年来研究的热点。”请给出几篇文献引用证明。

11. 图 13 Si—O—Si 对应三个信号峰且与描述对不上，请给出相应解释。

12. 图 13 没有 F 的峰，请补充相关数据并给予解释。

13. 论文第一次出现 BPA 的位置，需要给出原意和缩写。

14. “80 ℃下干燥 12 h，去除表面吸附的水分”的表述不准确，请完善。

15. 2.4.2 节表述不完整，缺少对吸附剂或催化剂用量的表述。

16. 论文中比表面积值、孔径、孔体积等数据需要进行有效数字的合理取舍。

17. 可以考虑把论文中“实验”改为“研究”。

18. 建议作者对图表和正文文字内容进行精简，以不断提升论文的质量和水平，精益求精。

【审稿结论】鉴于以上问题，建议修改后再审。

6.3.5 能源、电气与控制类稿件审稿意见

【论文题目】考虑源—储联动的综合能源系统协调优化运行策略

【审稿意见】文章通过仿真探究电耦合熔盐塔式光热和双层电转气储能系统对综合能源系统的影响，对综合能源系统经济性、低碳性等方面的提升具有一定的实用价值，但论文中还存在以下几个问题：

1. 题目与文中内容不太符合，建议题目改为《源—储联动的综合能源系统协调与优化运行策略研究》。

2. 引言控制在300～500字内，主要涉及研究背景、国内外研究现状及不足，以及本文研究内容和创新性，而且最好把参考文献综合在一起，融合成自己的内容，而不是做文献综述。

3. 规范使用量和单位，特别是表中千瓦时的单位应是kW·h；还有煤炭/(元·T^{-1})，应该是小写t。还有一些书写格式问题，如1.3.3节热电联产机组标题序号，建议统一公式书写格式。

4. 结论中的“光热发电的调度能力远大于光伏发电”中的“远大于”应说明大多少，几个数量级为远大于。

5. 在研究背景中建议对现有研究做进一步总结以突出作者研究的创新性和研究意义。

6. 文中部分图欠清晰，如图3、图6等，请提供高清晰度的图片。

7. 结论需要进一步凝练。通过结论(1)～(4)并未体现所提出的考虑源—储联动综合能源系统可有效增强系统消纳水平。

8. 规范参考文献格式。

【审稿结论】鉴于以上问题，建议修改后再审。

【论文题目】高寒地区平板热管式太阳能集热系统热性能研究

【审稿意见】本文以热管式平板集热器为研究对象，对其集热系统开展了高寒条件下的对比实验，分析了太阳能辐照度、工质流量、表面积尘等因素对系统集热效率的影响，具有较好的实际应用价值，可为高寒地区太阳能供暖系统设计提供参考。论文撰写规范，条理清晰。修改意见如下：

1. 摘要部分需要精炼。修改意见如下：平板式热管式集热器作为太阳能供暖的主要设备，应用越来越广泛。(增加研究意义)基于呼和浩特地区高寒气候条件，搭建两组完全一致的平板热管式太阳能集热系统，通过实验对比分析太阳辐射强度、传热工质流量、集热板表面积尘等因素对集热器瞬时集热效率以及系统热性能的影响。结果表明：在同等外界条件下，集热器的集热效率随着工质流

量的增加而增大；集热效率与太阳辐射强度变化趋势相近；随积尘密度的增加，集热板表面积尘导致系统的得热量减少，集热性能下降。

2. 引言最后一段描述有误，“对接收器能流密度分布开展测量，得到接收器的入射功率”与本文内容无关，重新修订。

3. 为开展对比实验，搭建了两套完全一致的系统，是否开展了修正实验？作者对此部分应做补充。

4. 实验中，作者应补充采取何种措施保证集热器表面布尘的均匀性。

5. 标题 1“实验系统及测试内容”和标题 2“实验方法及原理”名称不合适，与文中内容不对应，请重新命名。建议将 2.1 节的内容放到 1 节中。

6. 请认真修订稿件，使行文通畅，逻辑通顺，文字描述严谨。

7. 规范使用量和单位，文中对量的名称表述应一致。

8. 注意参考文献的格式规范统一。

【审稿结论】鉴于以上问题，建议修改后再审。

【论文题目】注入式变流器电容均压高质量电能变换控制策略研究

【审稿意见】文章基于低频遍历均压算法电容电压波动较大，直接电平逼近均压算法开关频率较高、运算量大等问题，构建新型优化均压算法，并经过仿真与实验结果验证，具有一定的理论和应用价值。但论文中还存在以下几个问题：

1. 论文内容集中在电容电压均压，而论文题目太大，建议修改。

2. 文中使用了一些相对极端的词汇，如“极大降低器件开关频率”“极大减小投切次数”“极大降低系统成本”等，建议客观描述事实。

3. 论文第 2 部分最后一段，“储能模块选型……”与本文讨论的电容电压平衡关系不密切。

4. 第 3 部分仿真算例中，图 5 作者想利用触发脉冲对比说明某一种算法频率低或高，但从图中无法看出，建议作者从其他角度描述；图 6～9 中 H1—H4 应为注入电路中的 4 个桥，但在文中未说明；3.1 节小结部分描述比较发散，请作者针对相应指标客观比较，所得结论应相对集中；表 1 中表头表述不准确，如“每秒开关频率/Hz”“每秒排序次数/次”，其对应的内容也应仔细斟酌，如“时间尺度优化均压算法”对应的开关频率为 592 Hz，如何得到此结论，应有相应的理论支撑。

5. 第 4 部分实验验证中，基于时间尺度优化的电平逼近算法进行验证，未给出电容均压情况。

6. 图 1 中是 4 个 H 桥串联注入式变换器，此处究竟是概括一般结构还是 4 个级联结构需要明确？

7. 图 2 为 4 个串联 H 桥结构每个触发桥触发方式图，调整一下这段表述，使其不产生歧义。

8. 图 3 中需要在图中明确标出每条曲线的含义。

9. 结论部分需进一步凝练。

【审稿结论】鉴于以上问题，建议大量修改后再审。

【论文题目】基于新忆阻器的异质神经元混沌系统的动力学行为分析及电路实现

【审稿意见】本文提出一种具有忆阻电磁感应效应的五维忆阻耦合异质神经元混沌系统模型，并对该忆阻器进行电路实现，研究具有一定的理论和实用价值。但论文中还存在以下几个问题需进一步完善：

1. 两个神经元模型均为简化的二维系统模型，如果模型的维数升高，忆阻性能是否会有所提升，文中未见讨论，应加入相应的讨论和解释。

2. 建议加入和其他模型的对比，更加突出模型的优点。

3. 公式(2)的标号缺失。

4. 规范量和单位的使用，补充所有物理变量的单位。

5. 应给出为什么要将两个不同结构的神经元模型进行耦合的原因。

6. 所构造的忆阻器模型所产生的神经动态行为是否能够同真实神经元的神经动态数据进行对比，请作者解释说明。

7. 公式(4)中的 w 应该对应忆阻器的状态变量 φ。诸如上述问题，全文统一，修改为 φ。

8. 图 8 中的曲线，应该标注每一个李雅普诺夫指数。

9. 图 10(a)的纵坐标应该是忆阻器的状态变量 φ。

10. 论文中，需给出 FHN 神经元和 HR 神经元数学模型的出处。

11. 图 13 吸引子的电路实现相图，需说明刻度每格对应的电压值。

【审稿结论】鉴于以上问题，建议大量修改后再审。

6.3.6 土木工程类稿件审稿意见

【论文题目】温差循环作用对再生混凝土断裂性能的影响

【审稿意见】论文重点讨论了不同温差循环次数对再生混凝土断裂损伤的影响以及纳米材料对其性能的调控作用。在−20 ℃至 20 ℃的不同温度循环范围内通过温差循环损伤试验和三点弯曲梁试验，探究了纳米二氧化硅和粉煤灰对再生混凝土断裂性能的影响。在试验数据支撑下得出在相同温差循环次数下，单掺纳米二氧化硅和复掺粉煤灰均能显著提高再生混凝土的抗断裂能力。相对于普通再生混凝土，这两种添加材料都展现出更高的断裂性能和裂缝扩展抵抗能力。请作者就以下问题进行修改：

1. 引言部分第一段，只表明再生混凝土应用广泛，并没有体现与本文所研究的内容有所联系与结合。

2. 在引言部分的第二段应该对温差循环做铺垫，表明我国部分地区温差大，该温差试验的迫在眉睫与必要性。

3. 试件制备中应文字叙述与图表表达一致，图文对应不上。

4. 试验方法中应具体指出静态应变仪与DIC设备工作原理，并应用该设备做试验的目的。

5. 结果与分析中再生混凝土断裂过程机理解释苍白，应加入有力的依据。

6. 再生混凝土断裂过程温差损伤前后图片留白太多，着重突出试件。

7. 荷载-裂缝口张开位移结果与分析中解释不充分，只表明损伤累积，并没有具体的损伤累积机理解释。

8. 第一次出现的英文缩写应给出相应的英文缩写字母含义解释，如DIC等。

9. 原材料制备中应提供再生混合骨料的压碎指标或原混凝土的强度等级。

10. 需要解释为什么在恒温后，要将试件浸泡于水中0.5 h。

11. 图2应标出预制裂缝的位置。

12. 规范文章措辞，确保前后用词一致，如CMOD。

【审稿结论】鉴于以上问题，建议修改后再审。

【论文题目】自融雪路面砖配合比设计及融冰雪性能研究

【审稿意见】该文章利用固废渣做抑制冰雪冻结剂掺入路面砖，以达到融冰雪的目的，研究出发点较为新颖，为解决冬季冰雪带来的出行困难提供了新的思路，但是文章中也存在以下不足之处：

1. 文章摘要部分表述不够凝练，表述观点不突出，建议重新组织语言修改。

2. 引言像是历史简单罗列，语言不流畅，不够简明直接，引用论文数量少，文献分析深度浅薄；存在语言表述问题，例如，“还其性能影响较小”“废旧利用”“满足性能强度要求”，请作者仔细检查全文，包括标点符号的使用。

3. 应说明掺加的$CaCl_2$提纯残渣是否会使混凝土产生氯离子渗透作用。因盐化物中的氯离子可能会渗透到混凝土内部，导致混凝土的孔隙结构发生变化，从而影响混凝土的力学性能和耐久性。

4. 析出的盐化物是否可能对周围环境造成污染，对植物和土壤产生不利影响，请解释明白。

5. 2.1.1节针对路面砖的融雪效果评价中，以24 h融雪时间为界限标准，该融雪时间的评价标准设置是否合理，与现实中以撒盐融雪时间的情况是否接近，请给出以24 h融雪时间为界限标准的依据或理由。

6. 2.2.1节中作者提出"析出的盐分随融化的积雪和行人、车辆的附着运动逐渐流失，"是否可以认为盐化物路面砖的融雪化冰效果不会持久，作者应说明设计制作的盐化物自融雪路面砖有效使用年限为多少年。

7. 2.2.1节针对浸泡后溶液电导率变化的机理分析中，缺少试验数据或参考论文来支撑分析观点。

8. 2.2.2节基于拉乌尔定律来解释盐溶液凝固点下降机理，该定律内容篇幅过多，但在解释本研究内容方面篇幅又太少，建议补充丰富此部分内容。

9. 2.1.1、2.1.2、2.2.1节第一段出现大量试验操作表述，使文章逻辑不清，可读性差，建议在第1节中加入试验方法。

10. 文章第3节标题"自融雪路面砖融冰雪性能评价及机理分析"，与该节内容严重不符，该部分更像"结论"章节，请核对。若该部分为结论部分，则结论观点不够凝练突出，建议重新提炼修改。

11. 结论(3)作者提出"当积雪厚度较大、气温低于－5 ℃时，自融雪路面砖需结合其他路面除雪方式"的结论，那作者设计制作的盐化物自融雪路面砖可融雪的最大厚度是多少，作者未给出结论。

12. 文章引言部分中，第二、三段行间距不统一；此外，文章中图表的字体字号也存在不统一，请参照期刊撰写规范要求进行修改。参考文献编号有误，无文献[3]，且参考文献[5]、[6]相同。

13. 表1中水泥技术指标中，抗压强度与抗折强度数值差别较大，请核对。

14. 1.2.1节正交试验设计及结果分析段落中，"1.正交试验设计与结果"更正标题编号。1.2.1节倒数第二段中"经28 d养生后，水灰比对抗压强度"，应该是"28 d养护"，建议修改并检查，以避免低级错误表述出现。

15. 图9背景过于乱，拍摄质量较差，建议更换图片或删除。

16. 表6正交表，8、9组与1、2组配比是否相同，需注意单位角标书写并进行全篇检查。表6、表7可合在一起。

【审稿结论】鉴于以上问题，建议大量修改后再审。

6.3.7 建筑类稿件审稿意见

【论文题目】参与度视角下的旧工业建筑空间组织模式研究

【审稿意见】文章通过对内蒙古工业大学建筑系馆一层的公共空间进行研究，为旧建筑改造提供全新的设计视角，探讨旧建筑改造中的公共空间设计策略，研究具有一定的理论和实用价值。但是文章中也存在不足之处，需要进一步完善：

1. 本文探讨的是既定旧工业建筑空间组织中人的参与度的一种分析，作者题目表述的是参与度先行，影响进而形成空间组织模式，两种关系的表述是否一致？建议改为《空间组织模式影响下旧工业建筑中使用者参与度分析》。

2. 摘要与结论需进一步提炼，建议针对问题的提出，运用何种方法，进行怎样的研究，达到什么样的目标，有什么意义。引言部分需针对现存问题综述和引出主题。

3. 摘要中"点、线、面、群"应与正文对应，并非摘要和结论出现即为可行。

4. 作者需进一步精炼文字。

5. 图 4 需有图例。

6. 作者需对问卷调查人群选择、观察点的选取及观测时间的选择有所说明，为什么选择一层，缺少垂直向度，需给出解释。

7. 问卷调查对象与人群的选取需有所界定，包括对建筑馆熟悉的师生和不熟悉的师生，或二者兼顾，结果对空间使用有不同影响。

8. 文章尽可能使用科学的、定量的语言进行描述。

9. 需要增加部分图片证明文中描述，方便读者理解。图表要清晰，尤其是对建筑馆内部的论述，作为陌生人，不清楚文中说的是哪部分，需要修改。

【审稿结论】鉴于以上问题，建议修改后再审。

【论文题目】基于视域量化分析的召庙与城市共生关系研究——以呼和浩特大召寺为例

【审稿意见】文章以呼和浩特大召寺作为典型案例，以共生视角探讨召庙建筑与周边城市的关系，有一定的创新性和实用价值。论文能整体反映研究对象与研究内容，但还存在一些问题：

1. 建议将题目中的"城市"改为"城市空间"，召庙和城市空间为一个层级关系，内容更为贴切。

2. 文章没有清晰地说明应该如何理解召庙与城市的共生关系，为什么目前的召庙与城市关系是割裂的？依据是什么？

3. 作者没有解释为什么说视域量化分析是解决召庙与城市共生关系的良好手段，对方法的可行性也没有论述，建议补充。

4. 研究结论不明确。

【审稿结论】鉴于以上问题，建议大量修改后再审。

6.4 科技论文校对原始稿展示

2

飞机内部进气道检测机器人工作环境复杂，要求高，目前尚无成熟的解决方案，从应用场景角度来看，其组成结构与管道检测机器人类似。韩国成均馆大学研发的多功能管道机器人系列样机采用了一种可变径的方法[5-7]，机器人支撑直径大小的改变通过调整伞状结构姿态和压缩机器人支撑轮位置来实现，从而使其能够适应不同管径大小的管道。哈尔滨工业大学邓宗全团队自主研发的三轴差动式管道机器人[8-11]，其具备环境自适应的特性，解决了机器人在转弯时的干涉问题。陈还[12]设计了一种四驱式管道机器人，它采用了弹簧支撑机构，可以实现在一定范围内的管道直径的自适应变化。王伟进等[13]对气动柔性细长机器人进行了深入分析和研究，设计的机器人具有优秀的拐弯特性和负载特性。宋懋征等[14]制作的软体管道机器人的驱动器采用超弹性硅胶材料，实验表明具有较好的柔性和适应性。吕跃东等[15]设计了一款四足软体机器人，并对其足部执行器进行建模分析，实验结果显示其平均最快移动速度快于传统蠕动方式的软体机器人。

飞机进气道巡检机器人类似管道机器人，而管道机器人的研究主要集中于小范围自适应变径结构和管道转弯，并且管道机器人通常受限于飞机进气道内的特殊结构，吸气叶片前方通常存在一个静止的进口导叶，机器人无法一次性采集全部的叶片图像，需要对每一个叶片进行逐一检查，因此需要拨动待检测叶片进行旋转以便采集全部叶片的图像信息，而针对飞机进气道内的使用环境并且驱动被测对象进行运动的检测机器人未见相关研究。针对这一问题，通过对进气道内的实际工作环境进行考察，本文重点研究检测机器人拨动叶片机构的具体实现方式，通过粒子群优化算法对拨杆末端轨迹综合问题进行优化设计，并且利用Adams软件对该机构拨动叶片的性能进行仿真分析以验证其合理性。

1 拨杆机构的设计

1.1 拨杆机构的数学模型

与串联机械臂机构相比，并联机构的基座常和末端执行器之间形成闭环约束，因此并联机构具有刚度大、运动惯量低、运行稳定、控制精度高的优点，而四杆机构是并联机构常采用的闭环结构，因此拨杆机构的整体设计选用平面四杆机构，其末端运动的轨迹综合问题是该机器人能否实现拨动叶片功能的重要体现，拨杆机构的结构如图1所示。

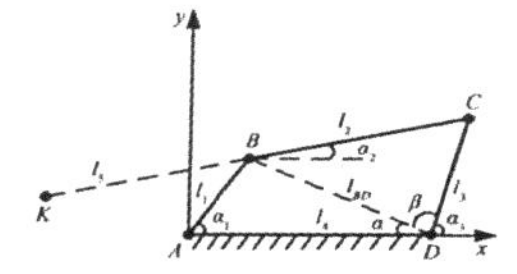

图1 拨杆机构简图

Fig.1 Schematic diagram of lever mechanism

$ABCD$ 为标准的曲柄摇杆机构，K 为 BC 延长线上一点，即作为拨杆的末端，AB 作为曲柄，AD 为机架，CD 为摇杆，以 A 点为原点建立坐标系，AB、BC、CD、AD、KB 和 BD 的长度分别为 l_1、l_2、l_3、l_4、l_5 和 l_{BD}，AB、BC、CD 和水平方向的夹角为 α_1、α_2、α_3，BD 与 AD 和 DC 的夹角分别为 α 和 β。因此 B、C、D、K 点坐标可以表示为：$B\left(l_1\cos\alpha_1, l_1\sin\alpha_1\right)$、$C\left(l_4-l_3\cos(\alpha+\beta), l_3\sin(\alpha+\beta)\right)$、$D\left(l_4, 0\right)$、$K\left(l_1\cos\alpha_1-l_5\cos\alpha_2, l_1\sin\alpha_1-l_5\sin\alpha_2\right)$。

各杆组成的矢量关系式可以表示为：

$$\vec{l}_1+\vec{l}_2=\vec{l}_3+\vec{l}_4 \tag{1}$$

将各杆的长度分别对 x 轴和 y 轴投影可以得到：

$$\begin{cases} l_1\cos\alpha_1+l_2\cos\alpha_2=l_4+l_3\cos\alpha_3 \\ l_1\sin\alpha_1+l_2\sin\alpha_2=l_3\sin\alpha_3 \end{cases} \tag{2}$$

根据解析几何法可以解得：

$$\alpha=\arcsin\left(\frac{l_1\sin\alpha_1}{l_{BD}}\right) \tag{3}$$

$$\beta=\arccos\left(\frac{l_{BD}^2+l_3^2-l_2^2}{2l_{BD}l_3}\right) \tag{4}$$

$$\alpha_2=\arctan\left(\frac{l_3\sin(\alpha+\beta)-l_1\sin\alpha_1}{l_4-l_3\cos(\alpha+\beta)-l_1\cos\alpha_1}\right) \tag{5}$$

将式(3)与式(4)代入式(5)可以得到：

$$\alpha_2=\arctan\left(\frac{l_3\sin\left(\arcsin\left(\frac{l_1\sin\alpha_1}{l_{BD}}\right)+\arccos\left(\frac{l_{BD}^2+l_3^2-l_2^2}{2l_{BD}l_3}\right)\right)-l_1\sin\alpha_1}{l_4-l_3\cos\left(\arcsin\left(\frac{l_1\sin\alpha_1}{l_{BD}}\right)+\arccos\left(\frac{l_{BD}^2+l_3^2-l_2^2}{2l_{BD}l_3}\right)\right)-l_1\cos\alpha_1}\right) \tag{6}$$

4

2 拨杆末端轨迹综合问题求解

2.1 粒子群算法

1995年，Eberhart和Kennedy提出了粒子群算法(Particle swarm optimization，PSO)，其核心思想在于模拟种群之间的协同行为，以寻找解决优化问题的方法。这一算法采用迭代计算的方式，具有简单的结构和易于调整的参数，并且具有较快的计算速度，因此在优化领域得到广泛应用。在本文中，运用粒子群优化方法来解决与轨迹综合优化相关的拨杆机构设计问题。

PSO算法具体实现方法如下：

设置粒子的种群数为n，粒子种群搜索空间维数为D维，那么用$X_i=x_{i1},x_{i2},\cdots,x_{iD},(i=1,2,\cdots,n)$，来表示每一个粒子所在位置，并且每一个粒子在$\left[x_j^{\min},x_j^{\max}\right](j=1,2,\cdots,D)$的范围内运动，粒子所处的每一个位置就是优化问题潜在的解，解的优劣通过计算每一个粒子所对应的目标函数适应度值(Fitness)的大小来表示。每一个粒子还包括速度信息，粒子的运动速度可以表示为$V_i=v_{i1},v_{i2},\cdots,v_{iD},(i=1,2,\cdots,n)$，其速度大小的取值在$\left[v_j^{\min},v_j^{\max}\right]$的范围内，速度的大小决定了粒子在搜索空间位置的变化距离。对于每个粒子，其第d维$(1\leqslant d\leqslant D)$的速度和位置，将分别根据式(10)和式(11)迭代：

$$v_{id}^{k+1}=v_{id}^{k}+c_1r_1\left(p_{id}^{k}-x_{id}^{k}\right)+c_2r_2\left(p_{g}^{k}-x_{id}^{k}\right)\qquad(10)$$

$$x_{id}^{k+1}=x_{id}^{k}+v_{id}^{k+1}\qquad(11)$$

式中：v_{id}^{k}和x_{id}^{k}为经过k次迭代后第i个粒子的速度和位置分量，p_{id}^{k}为粒子i经历k次迭代后达到的最优适应度值，p_{g}^{k}为所有粒子的k次迭代中达到的全局历史最优适应度值，c_1和c_2为学习因子，r_1和r_2为介于0到1的随机数。

Yuhui等在基本粒子群算法基础上引入惯性因子ω，并根据算法的收敛速度和全局性提出动态调整的惯性权重策略，该算法被称为标准PSO算法，将式(10)改进为：

$$v_{id}^{k+1}=\omega v_{id}^{k}+c_1r_1\left(p_{id}^{k}-x_{id}^{k}\right)+c_2r_2\left(p_{g}^{k}-x_{id}^{k}\right)\qquad(12)$$

动态的ω能获得更好的优化结果，目前采用较多的是线性递减权值策略。

$$\omega^{(t)}=\frac{\left(\omega_{\text{ini}}-\omega_{\text{end}}\right)\left(G_k-k\right)}{G_k}+\omega_{\text{end}}\qquad(13)$$

式中：ω_{ini}为初始惯性权值，ω_{end}为迭代至最大进化代数时的惯性权值，典型值为：$\omega_{\text{ini}}=0.9$，$\omega_{\text{end}}=0.4$，G_k为最大迭代次数，ω的引入提高了PSO的算法性能，使粒子群算法针对不同优化问题有更好的全局和局部搜索能力。

PSO算法流程如图5所示。

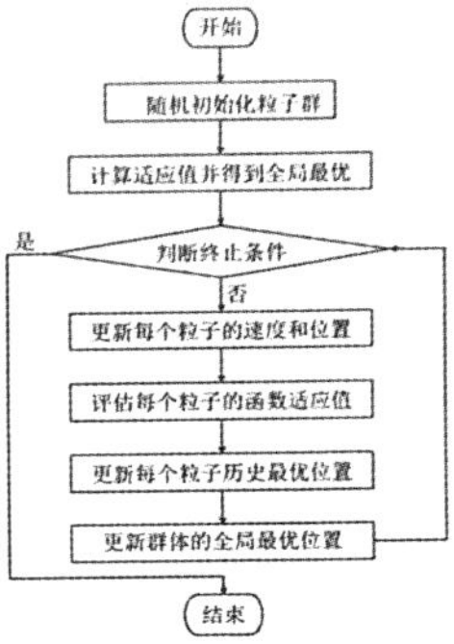

图5 PSO算法流程

Fig.5 PSO algorithm process

2.2 参数设置与仿真结果

在MATLAB环境下进行编程，设置粒子群优化算法的参数如下：粒子种群数目n=100，粒子种群搜索空间维数D=2，最大迭代次数G_k=100，学习因子c_1=0.5，c_2=0.5，惯性权重$\omega_{\text{ini}}=0.9$，$\omega_{\text{end}}=0.4$，杆长l_5的范围限制为(0, 150)，夹角α_c范围限制为(0, π)，种群个体速度限制为$v_{\min}=-10$，$v_{\max}=10$。对目标函数绘制的图像如图6所示。经过优化计算得到粒子适应度函数值的迭代次数的结果如图7所示，从结果可以看出，粒子群算法收敛速度较快，迭代20次后最优个体适应度值小于48 mm，迭代100次后得到的最优适应度值为47.84 mm，寻优的结果为杆长l_5=73.56 mm，夹角α_c=0.43 rad。

因此，根据优化结果，结合实际在SolidWorks对车体以及其他结构的建模，最终得到对本文所检测的发动机型号的设计的四杆机构的尺寸，如表2所示。

考虑到与其他机构的运动干涉，最终α_c设计为0.48 rad，结合在车架坐标系下的K点坐标方程，利用MATLAB绘制拨杆末端轨迹，如图8所示，图中的点为期望轨迹的离散点。

YOLOv5共有四种模型，分别为YOLOv5s、YOLOv5l、YOLOv5m和YOLOv5x，其中YOLOv5s的网络深度和特征图宽度均为最小，后三种模型在YOLOv5s的基础上进行加深和加宽，但处理速度越来越慢。通过文献[20]可得到四种模型的速度和精度关系，将以上四种模型和分类网络EfficentDet进行对比，其结果如图2所示。综合考虑各项数据，YOLOv5s对本文研究的环境十分适用。

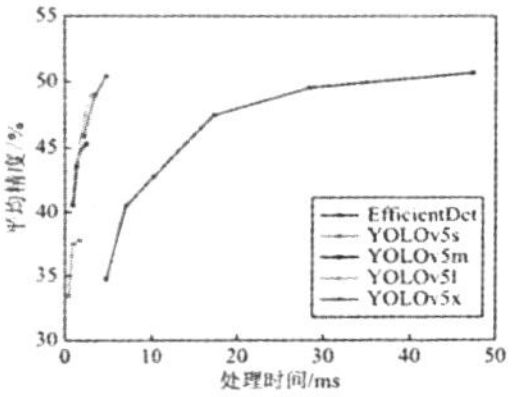

图2 YOLOv5的四种模型的速度和精度

Fig.2 The speed and accuracy of the four models of YOLOv5

在使用YOLOv5s进行目标检测任务之前，需要构建一个全面而高质量的数据集。数据集的制作过程包括收集图像数据、标记目标、生成标签文件以及划分训练集和测试集，确保数据集中包含各种场景下的多样样本，以覆盖不同角度、尺度和背景的目标。在本研究中，借助OpenCV这一功能强大的计算机视觉库，能够高效地处理红外图像数据，并为目标检测任务生成适用于YOLOv5的数据集。

本次模型的训练采集了电缆异常的红外图像，使用labelimg进行标注，对原始图像进行预处理，使之成为标准大小。图3为电缆异常现场图，由于电缆接头三相出线接头接触不良引起电导流过热故障。图4为红外传感器的检测效果图，显现出了温度异常点与温度正常点。

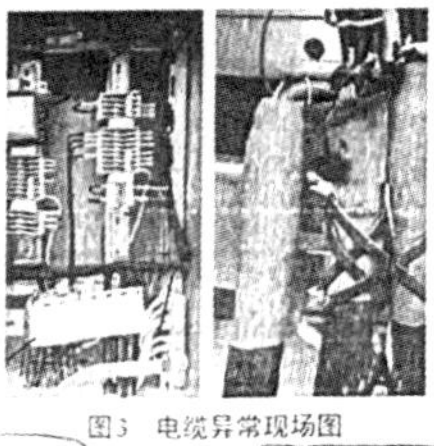

图3 电缆异常现场图

Fig.3 Cable anomaly scene diagram

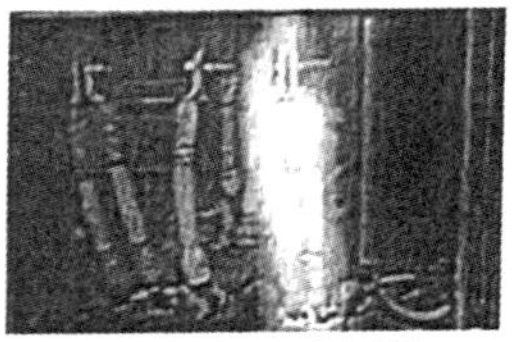

图4 红外传感器的检测效果

Fig.4 The detection effect of infrared sensors

2 实验验证

实验采用基于ROS机器人操作系统开发的麦轮全向移动机器人，搭载Jetson TX2-NX开发板，装有OpenCV、ORB_SLAM2及避障雷达等，使用ROS和OpenCV、ORB_SLAM作为实验平台，可以轻松进行各种机器人视觉与导航实验。通过更改摄像头参数、调整ORB_SLAM的配置以及添加其他传感器数据，对SLAM系统进行定制和优化。

本文进行三组实验，第1组实验为YOLOv5s的效果实验；第2组实验展示通过使用ORB_SLAM2建图来检验定位的准确性；第3组实验结合红外热像仪，进行隧道巡检机器人自主定位及巡检实验。

2.1 YOLOv5s效果实验

YOLOv5s对采集到的红外数据进行处理，对温度异常点进行识别，如图5所示。

在混淆矩阵中，对角线数值表明模型检测到了所有真实的正样本，并且没有误检为负样本。图6依次显示了YOLOv5s训练数据后置信度与精确率召回率之间曲线、F1 curve，以及结果函数图。

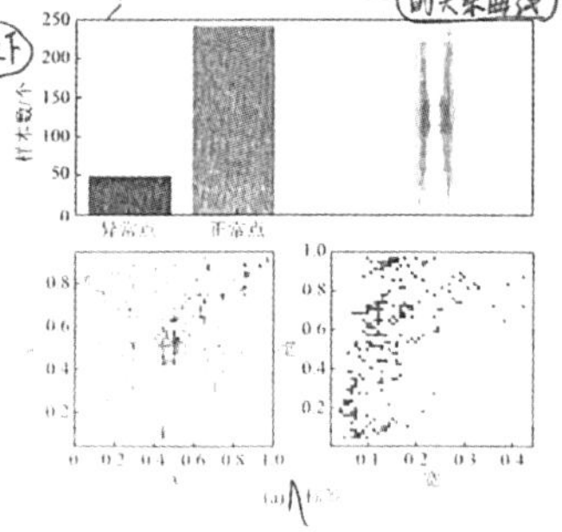

θ=黑斜体？请核，本页哪些量用黑斜体表示

由可以得到三自由度水下机器人运动学方程为：

$$\dot{x}=u\cos\theta+w\sin\theta$$
$$\dot{z}=-u\sin\theta+w\cos\theta$$
$$\dot{\theta}=q \qquad (12)$$

式中：x表示横坐标位置，z表示纵坐标位置，u和w表示线速度，θ表示俯仰角，q表示俯仰角速度。

同理，水下机器人垂直面动力学方程为：

$$\begin{cases} m_{11}\dot{u}=-m_{22}wq-c_{11}u-f_u(u)+\tau_u+d_u+f_u \\ m_{22}\dot{w}=m_{11}uq-c_{22}w-f_w(w)+d_w+f_w \\ m_{33}\dot{q}=(m_{22}-m_{11})uw-c_{33}q-f_q(q) \\ \qquad -(z_gW-z_bB)\sin\theta+\tau_q+d_q+M_{M-A} \end{cases} \qquad (13)$$

式中：水下机器人的惯性系数$m_{11}=m-X_u, m_{22}=m-Z_w, m_{33}=I_y-M_q$，水动力阻尼系数$c_{11}=X_u+X_{u|u|}|u|$，$c_{22}=Y_v+Y_{v|v|}|v|, c_{33}=M_q+M_{q|q|}|q|$。定义$d_x$、$d_z$、$d_q$为定坐标系下的海流有界干扰力和干扰力矩，所以$d_u=d_x\cos\theta-d_z\sin\theta, d_w=d_x\sin\theta+d_z\cos\theta$；定义$f_u(u)$、$f_w(w)$和$f_q(q)$为水下机器人动力学方程中的未建模动态和高阶非线性项，f_u和f_w分别表示水下机械臂对水下机器人的耦合力f_{M-A}在横坐标和纵坐标上的分量，M_{M-A}表示水下机械臂对水下机器人的耦合力矩。τ_u和τ_q表示动坐标系下水下机器人横向前进控制力和俯仰控制力矩。

为了应用反演控制，需要对UVMS系统垂直面模型进一步简化。假设$\dot{u}=0$；水下机器人垂直速度$w\approx0, \dot{w}\approx0$；纵倾角以较小的姿态变化，$\sin\theta\approx\theta$。同时令$y_1=x_1=z, x_2=\theta, x_3=q$，有：

$$\begin{cases} \dot{x}_1=b_1x_2 \\ \dot{x}_2=b_2x_3 \\ \dot{x}_3=b_3\tau_q+f_3+W_3 \end{cases} \qquad (14)$$

式中：

$$b_1=u, b_2=1, b_3=-1/m_{33},$$
$$f_3=-((z_gW-z_bB)x_2+c_{33}x_3+f_q(q))/m_{33},$$
$$W_3=(d_q+M_{M-A}+g(\eta))/m_{33}。$$

其中：系统的状态变量$x=[x_1, x_2, x_3]$，系统控制输入为τ_q，系统输出为$y_1=x_1$。

控制目的是在信号有界范围内输出$y(t)$跟踪期望轨迹$y_d(t)$。定义$\bar{x}_i$、y_{di}，其中$\bar{x}_i=[x_1, x_2, x_3]^T$，$\bar{y}_{di}=[y_d, \dot{y}_d, \ddot{y}_d]^T$。采用单值模糊器、乘积推理机和重心平均反模糊器：IF x_1 is F_1^j and … and x_n is F_n^j then y is B^j ($j=1, 2, 3$)。

？此表示方式中，可否改"IF""then"为"如果""则"，"is"改为"="，"and"改逗号？

模糊上栏靠行

模糊系统的输出为：

$$y(x)=\frac{\sum_{j=1}^{3}\beta_j\prod_i^3\mu_i^j(x)}{\sum_{j=1}^{3}\left[\prod_i^3\mu_i^j(x)\right]}=\xi^T(x)\beta \qquad (15)$$

式中：$\mu_i^j(x_i)$是隶属函数μ_i^j，$\beta_j=\max B^j(y)$，$B^j(y)$是关于模糊系统输出y的定义在论域上的模糊语言值。

取$\xi(x)=[\xi_1(x), \xi_2(x), \xi_3(x)]^T$，$\beta=[\beta_1, \beta_2, \beta_3]^T$，则$y(x)=\xi^T(x)\beta$，其中$\xi$为矩阵系数，$\beta$为最优逼近向量。

根据模糊万能逼近定理[1]，对于定义在紧集合Ω上的连续函数$f(x)$，都存在式(15)所示的模糊系统满足$\sup|f(x)-y(x)|\leqslant\varepsilon$，其中$\varepsilon$为大于零的任意常量。

3.2 模糊自适应反步控制设计

通过逐步构造中间变量$e_i=x_i-\alpha_{i-1}$可以完成反步控制器的设计，其中α_i是第i步的虚拟控制量，最后的虚拟控制量α_n是施加于系统实际控制τ_q的一部分。

采用反步法，对式(15)进行重新构造：

$$\begin{cases} \dot{e}_n=b_nx_n+b_n\alpha_n-\dot{\alpha}_{n-1}, n=1,2 \quad \alpha_0=z_d \\ \dot{e}_3=\dot{x}_3-\dot{\alpha}_2=b_3\tau_q+f_3(\bar{x}_3)+W_3-\dot{\alpha}_2 \end{cases} \qquad (16)$$

为了使系统稳定，需要设计虚拟控制量α_n和控制输入τ_q。

对于第一个子系统，选择Lyapunov函数为：

$$V_1=\frac{1}{2b_1}e_1^2 \qquad (17)$$

对其求导可得：

$$\dot{V}_1=\frac{1}{b_1}e_1\dot{e}_1=e_1\left(e_2+\alpha_1-\frac{1}{b_1}\dot{z}_d\right) \qquad (18)$$

选取控制信号$\alpha_2=-k_2e_2+\dot{\alpha}_1/b_2, k_2>0$，则由式变为：

$$\dot{V}_1=-k_1e_1^2+e_1e_2 \qquad (19)$$

对于第二个子系统，选择Lyapunov函数为：

$$V_2=V_1+\frac{1}{2b_2}e_2^2 \qquad (20)$$

对其求导可得：

$$\dot{V}_2=\dot{V}_1+\frac{1}{b_2}e_2\dot{e}_2=-k_1e_1^2+e_1e_2+e_2\left(e_3+\alpha_2-\frac{1}{b_2}\dot{\alpha}_1\right) \qquad (21)$$

选取控制信号$\alpha_2=-k_2e_2+\dot{\alpha}_1/b_2, k_2>0$，则由式变为：

$$\dot{V}_2=-k_1e_1^2-k_2e_2^2+e_1e_2+e_2e_3 \qquad (22)$$

感技术、控制算法和人工智能技术，能够实现实时数据采集和分析、自动路径规划、参数优化以及智能决策，从而提高焊接质量、效率和一致性[3-4]。

本文深入探讨机器人智能焊接系统的设计原理、关键技术和应用案例。通过详细阐述智能化焊接系统的各个组成部分，可以更好地理解其在现代制造业中的作用和优势[5]。通过本文的研究，为智能化焊接技术的推广和应用提供有益的参考，促进制造业的创新和进步，深入探讨智能焊接系统的概念、技术和应用，通过案例研究验证其实际效果，并展望未来智能焊接技术的发展方向。通过研究，可以更好地认识智能焊接系统在推动焊接技术发展中的重要性，为未来的研究和实践提供指导和启示[6]。

1 智能焊接系统的概述

智能焊接系统作为现代制造业的创新方向，旨在将先进的传感技术、控制算法和人工智能技术应用于焊接过程，实现自动化、智能化和高效化的焊接操作[7]。相较于传统焊接系统，智能焊接系统在焊接过程中具备更高的自主性和智能决策能力，能够适应不同的焊接任务和环境变化，从而提高焊接质量和效率。

智能焊接系统的关键特点包括：

机器人控制器：焊接定制专用控制器，丰富的中厚板焊接工艺包，电流跟踪、激光跟踪、激光寻位、视觉获取。智能焊接系统能够通过传感器实时获取焊接过程中的数据，利用先进的算法进行数据分析和处理。通过学习过程，系统能够逐步优化焊接参数和路径，实现自动化调整和优化，从而提高焊接的一致性和稳定性。

多传感器数据融合：智能焊接系统使用多种传感器，如视觉传感器、力传感器、温度传感器等，来实时监测焊接过程的各种参数。这些传感器数据能够在系统中进行融合，为焊接路径规划、参数调整和质量检测提供更准确的依据。

自适应性和实时反馈：智能焊接系统可以根据实时传感器数据对焊接参数进行自适应调整，从而应对焊接过程中的不确定性和变化。实时反馈机制能够及时发现焊接质量问题，实现及早干预，避免缺陷的扩散[8]。

智能决策与优化：支持参数化编程和图形化编程，输入指定参数，或者鼠标选取焊接位置，即可自动生成程序 系统能够根据历史数据和模型预测，优化焊接参数，从而实现更高的焊接效率和质量[9]。

人机协同：智能焊接系统可以与人类操作员进行有效的协同工作。操作员可以通过界面监控焊接过程，提供必要的指导和决策，同时系统也能够自主地进行焊接操作，减轻操作员的工作负担。

综上所述，智能焊接系统的设计和应用不仅能够提高焊接的质量和效率，还能够降低人为误差，减少资源浪费。随着人工智能技术的不断进步，智能焊接系统将在制造业中发挥越来越重要的作用，推动焊接技术的创新和发展。

2 焊接系统的传感器分类

焊接系统中使用的传感器多种多样，用于监测焊接过程中的各种参数和条件。传感器的选择取决于具体的焊接应用、焊接过程类型以及需要监测的参数[10]。以下是一些常见的焊接系统传感器分类。

视觉传感器：视觉传感器用于捕捉焊接区域的图像，以便进行视觉检测和质量控制。这些传感器可以识别焊缝的位置、形状和质量，确保焊接的准确性和一致性。

力传感器：力传感器测量焊接过程中施加在工件上的力。这对于检测焊接质量、避免过度施加力量或确保合适的焊接压力非常重要。

电流传感器：电流传感器用于监测焊接电源的电流输出。通过监测电流，可以实时调整焊接参数，确保焊接的稳定性和一致性。

弧压跟踪传感：弧压跟踪传感器是一种用于监测焊接过程中弧压(Arc voltage)的传感器。弧压是电弧焊中一个重要的参数，它与焊接电流和电弧长度密切相关。通过监测弧压，焊接系统可以实时调整焊接参数，以确保焊接质量和稳定性。弧压传感器可以应用于不同类型的电弧焊接过程，包括金属惰性气体保护焊MIG、氩弧焊TIG、弧焊等。

位移传感器：位移传感器用于监测焊接机器人的运动，确保其在焊接过程中准确移动到目标位置。

以上是传感器的一些常见分类，实际应用中可能会使用多种传感器的组合，以满足具体的焊接需求。传感器的集成使得焊接系统能够实现实时监测、控制和质量保证。

3 智能焊接系统的软硬件设计

机器人智能焊接系统的架构包含硬件和软件两个方面，它们共同构成了实现自动化、智能化焊接的系统。

廓信息。特征分析是基于特征曲线进一步分析河狸上门齿的形态和参数等特征，为仿生设计提供参考依据。

为详细分析河狸上门齿轮廓特征，首先使用Origin软件对特征曲线进行了拟合，并将其分为河狸内侧和外侧特征曲线。如图3(a)所示，同时得到了河狸上门齿内、外侧的拟合函数。

河狸上门齿内侧拟合函数为：

$$Y1=-212.664\,49+9.713\,58x-6.051\times10^{-2}x^2+1.990\,69\times10^{-4}x^3-3.598\,78\times10^{-7}x^4-3.298\,35\times10^{-10}x^5-1.193\,54\times10^{-13}x^6$$

其中：x的取值范围为$126\leqslant x\leqslant 752$，$R^2=0.999\,51$，表明拟合程度极好，精确程度高，该函数极好地拟合了河狸内侧轮廓曲线。

河狸上门齿外侧拟合函数为：

$$Y2=-286.651\,63-47.780\,81x-2.811\times10^{-1}x^2+8.574\,85\times10^{-4}x^3-1.451\,09\times10^{-6}x^4+1.283\,9\times10^{-9}x^5-4.635\,54\times10^{-13}x^6$$

其中：x的取值范围为$308\leqslant x\leqslant 756$，$R^2=0.999\,08$，表明该函数也能够较好地代表河狸外侧轮廓曲线。

为获取准确拟合曲线的主要形态和特征参数信息，对拟合函数进行一阶求导、二阶求导和求曲率操作。图3(b)、(c)、(d)分别为一阶图像、二阶导数图像和曲率图像。

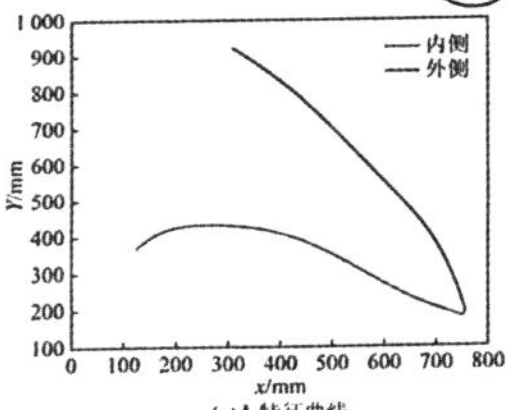

(a)特征曲线

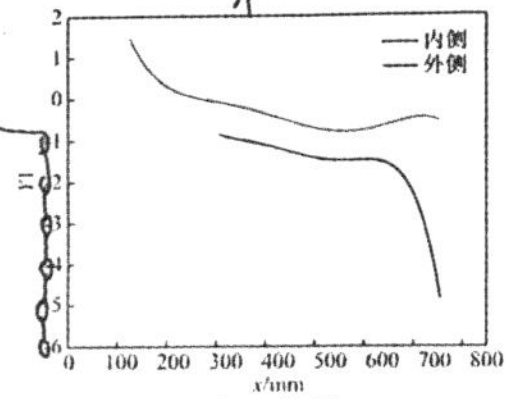

(b)一阶导数

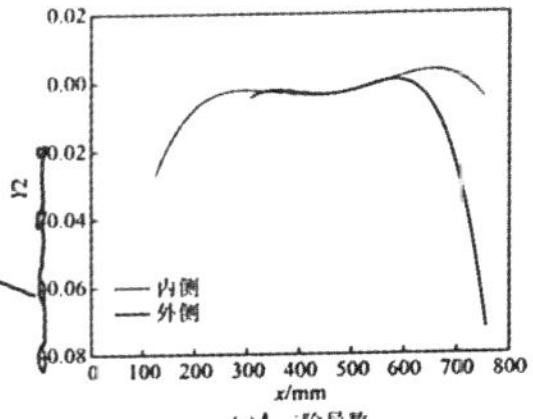

(c)二阶导数

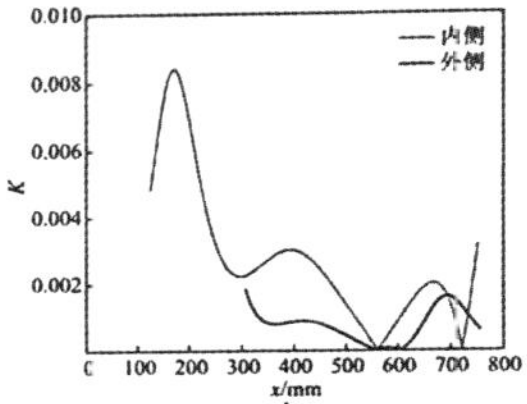

(d)曲率

图3 特征曲线、一阶导数、二阶导数及曲率

Fig.3 Feature curve, first derivative second derivative and curvature

由一阶导数图像可知，在126 mm≤x≤300 mm范围内，河狸上门齿内侧拟合函数的一阶导数值大于0且较小，这表示内侧轮廓在此范围内的切线斜率较小，曲线变化趋势平缓，有利于提高锯齿的抗弯强度。

由二阶导数图像可知，仅在600 mm≤x≤700 mm范围内，河狸上门齿内侧二阶导数值大于等于0，这表明前刀面特征曲线总体呈现外凸趋势，在接近齿尖处有小幅内凹，外凸的特征改善了锯齿受力及传递力矩的能力，有效地提高锯齿的切削性能，小幅内凹在齿尖处产生，意味着可减小齿尖接触压力，使锯切过程更加平稳。

由外侧拟合函数的一阶、二阶导数表明，在整个x取值范围内，一阶、二阶导数值均小于0且靠近齿尖时，一阶、二阶导数值迅速下降，这不仅保证了齿尖锋利程度，也表明外侧特征曲线始终为外凸，利于增加门齿整体的刚度。

曲率代表曲线的弯曲程度，由河狸上门齿内、外侧曲率可知，门齿根部的曲率变化较大。此外，在靠近切口处曲率变化也较大，有利于减小切削阻力并增强门齿的锋利度。

综上所述，与传统木工刀具相比，河狸上门齿的齿形结构更加优异。仿河狸上门齿刀具不仅能够减小切削阻力，降低在平茬过程中能量消耗，而且能够增强刀具锋利程度和切削效果，提高了平茬质量。河狸上门齿的特殊结构使其能够抵抗断裂，延长仿河狸上门齿刀具使用寿命，减少了更换刀具的成本和时间。这种结构还可以增强刀具的整体刚度，更好地适应复杂的平茬环境和需求。

3 仿生圆锯片设计与仿真

以河狸上门齿为仿生对象，通过分析上门齿几何结构，探索其在切割方面的优势，为设计仿生圆锯片提供了参考，对仿生及折背齿圆锯片进行设计，并进行平茬仿真，比较二者的锯切力大小和动能消耗。

3.1 仿生刀具三维建模

对河狸内外侧特征曲线进行等比例缩小处理，缩小为原特征尺寸的1/60，缩小后的内外侧特征曲线 x 的取值范围分别为 $2.10 \leqslant x \leqslant 12.54$、$5.13 \leqslant x \leqslant 12.60$，随后使用Solidworks2020，对仿生圆锯片进行了三维建模。以方程式驱动曲线对仿生锯片齿形进行建模，相邻两齿在保证基本参数不变的情况下，以圆角的形式过渡，使仿生圆锯片能够更好地模拟河狸上门齿结构，进而实现省力等特点，建立的仿生圆锯片模型如图4所示。

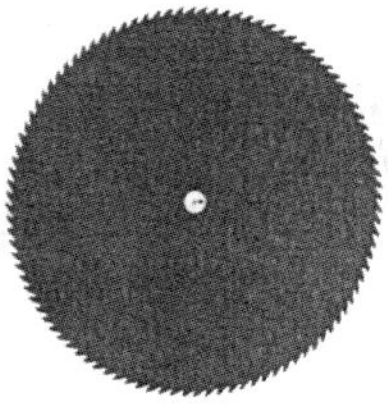

图4 仿生圆锯片模型

Fig.4 Biomimetic circular saw blade model

其基本参数与折背齿圆锯片相同，材料均使用木工刀具常用材料65Mn，具体设计参数依据相关标准GB/T 21680—2008和GB/T 13573—1992《木工圆锯片》进行，齿数100 T，齿高、外径、厚度分别为10、500、2 mm。

3.2 沙柳平茬仿真模型的建立

通过LS-DYNA有限元软件创建沙柳平茬仿真模型，为模拟真实平茬工况，保证仿真结果的准确性，将沙柳平茬仿真模型划分为夹盘、锯片及沙柳三部分，沙柳平茬仿真模型如图5所示，红色网格部分表示仿生锯片、蓝色中间部分表示夹盘、绿色圆柱部分表示沙柳。

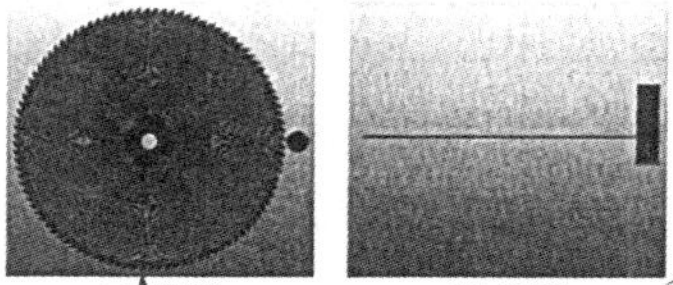

(a) 俯视图 (b) 正视图

图5 沙柳平茬仿真模型俯视图及正视图

Fig.5 Top view and front view of the sand willow flat cutting simulation model

3.2.1 沙柳锯切仿真模型的网格划分

由于仿生刀具齿形结构较为复杂，直接使用有限元软件划分网格的效果质量差，为了更准确地模拟仿生刀具的齿形，得到更精确的仿真结果，采用美国Altair公司的Hypermesh软件进行网格划分。如仿生圆锯片锯齿及折背齿圆锯片锯齿、沙柳被锯切的位置采用细小网格，而其他部位采用大尺寸网格，这样不但保障了仿真结果的准确性，还提高了计算效率，降低了计算成本。

3.2.2 沙柳锯切仿真模型的前处理

基于课题组对沙柳材料属性研究成果[15-17]，利用LS-DYNA软件中的MAT-143-WOOD材料库，建立沙柳的本构模型，沙柳材料属性参数如表1所示，65Mn锯片材料属性参数如表2所示。

在MAT-003-PLASTIC_KINEMATIC材料卡中设置圆锯片材料属性参数，通过定义单元类型、设置材料属性、定义接触、添加边界条件及载荷，其中在载荷中添加转速及进给速度的条件，转速及进给速度设置为1 800 r/min，进给速度为0.3 m/s，最后设置分析和输出选项。在LS-DYNA软件中，完成对模型进行前处理，随后调用LS-DYNA求解器，进行求解并输出运算结果。

表1 沙柳木材属性

Table 1 Salix psammophila material properties

材料	密度 ρ/(kg/m³)	弹性模量 E/MPa	泊松比 υ	抗拉强度/MPa	抗压强度/MPa	抗剪强度/MPa
沙柳	608	9 351	0.454	85.61	28.29	5.86

58

数的增加而逐渐降低。在温差循环50次和100次的情况下，RAC的起裂断裂韧度分别降低了20.47%和30.26%，失稳断裂韧度分别降低了3.54%和13.24%；F0N3的起裂断裂韧度分别降低了20.58%和23.45%，失稳断裂韧度分别降低了6.62%和10.67%；F2N3的起裂断裂韧度分别降低了19.34%和30.56%，失稳断裂韧度分别降低了9.08%和12.22%。可以观察到，温差循环对再生混凝土的起裂断裂韧度影响更为显著，导致再生混凝土更早地发生初始开裂。这是由于再生混凝土在经历了温差循环后内部裂缝逐渐增多，使得混凝土基体的裂缝敏感性增加，进而更容易发生开裂[21]。

2.2.2 延性指数

为了全面评估再生混凝土的断裂性能，引入延性指数μ[22]，用于评估再生混凝土的开裂性能。通过比较不同温差循环下再生混凝土的延性指数，可以判断其脆性的强弱。延性指数越小，说明再生混凝土的脆性越强[23]。延性指数是再生混凝土的断裂能与峰值荷载的比值，其表达式如下：

$$\mu=\frac{G_F}{P_{max}} \tag{7}$$

对于表9中再生混凝土的延性指数进行分析，可以从图10中得到更清晰的信息。整体上看，随着温差循环次数的增加，再生混凝土试件的抗开裂性能都呈下降趋势。这是由于温差循环会在再生混凝土材料内部形成微裂缝，并随着冻融次数的增加而进一步发展，导致其抗开裂性能降低[24]。

表9 再生混凝土延性指数

Table 9 Ductility index of recycled concrete

试件编号	μ/mm
RAC	64.42
F0N3	65.65
F2N3	65.85
RAC-50	61.00
F0N3-50	62.64
F2N3-50	63.85
RAC-100	51.14
F0N3-100	53.96
F2N3-100	57.29

根据延性指数的分析，可以看出在不同的温差循环条件下，再生混凝土的抗开裂性能表现为：F2N3>F0N3>RAC。在温差循环次数为50、100次时，相较于温差循环次数为0的情况，RAC的抗开裂性能分别降低了5.31%和20.61%，而F0N3的F2N3的抗开裂性能分别降低了4.58%、17.79%和3.02%、12.99%。

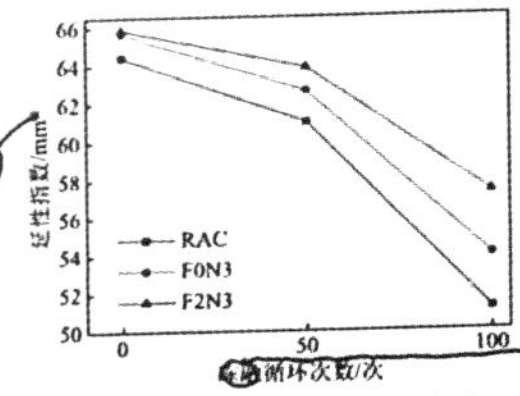

图10 再生混凝土延性指数变化规律

Fig.10 Changes in ductility index of recycled concrete

再生骨料本身具有较多的初始裂缝，且再生骨料中新旧砂浆和骨料与砂浆两个界面过渡区，而这些过渡区通常是较薄弱的区域，因此再生混凝土的抗开裂性能较差[25]。随着温差循环次数的增加，RAC的抗开裂性能急剧下降。相反，F0N3和F2N3中掺入了纳米二氧化硅，改善了界面过渡区，增强了骨料之间的咬合力，从而提高了抗开裂性能，受冻融影响较小。

3 结论

为了研究温差损伤对再生混凝土断裂性能的影响，本试验进行了冻融后的三点弯曲梁试验，并利用数字图像相关方法观测了再生混凝土在断裂过程中预制裂缝的张开口位移。基于断裂力学理论，计算了再生混凝土的断裂能，以探究再生混凝土断裂性能随着温差循环次数增加的变化规律。根据试验结果，得出以下结论：

1) 温差循环前，三种类型的再生混凝土表现出直接沿着预制裂口径直破坏的趋势，其骨料与水泥界面的强度高于骨料本身的强度。而随着温差循环次数的增加，这些再生混凝土的破坏路径绕过粗骨料，呈现出弯曲断裂的趋势。此外，经历了温差循环后，骨料与水泥界面的强度逐渐减弱，且温差循环次数越多，裂缝向破坏的扩展速度越快。

2) 随着温差循环次数的增加，再生混凝土的极限荷载和对应的极限裂缝口张开位移都有所减小。应变-荷载关系图显示，再生混凝土的起裂荷载和极限荷载也随着温差循环次数的增加而降低。尤其是，F2N3再生混凝土的起裂荷载和极限荷载都高于F0N3和RAC再生混凝土。

3) 随着温差循环次数的增加，再生混凝土的断度(a^*)、黄蓝色度(b^*)、饱和度(C^*)、色相角(h^*)。一般情况下，以颜色深度K/S值来评价染色样品的得色深浅，由于该方法仅仅考虑了织物在可见光范围内最大吸收波长处的吸收和散射，而黄酮类物质在可见光波段没有显著吸收，不易采用K/S值来表征黄酮类色素染色织物的表观颜色深度。而Integ值则考虑了整个可见光波长范围内光的吸收和散射特性，同时也加入了光源和人眼的因素，与K/S值相比较，更能系统地反映出染色织物的表观颜色。

1.3.4　色牢度测试

耐摩擦色牢度依据GB/T 3920—2008《纺织品 色牢度试验 耐摩擦色牢度》中的方法进行测试。

耐皂洗色牢度依据GB/T 3921—2008《纺织品 色牢度试验 耐皂洗色牢度》中的方法进行测试。

1.3.5　断裂强力测试

依据GB/T 3923.1—2013《纺织品 织物拉伸性能 第1部分：断裂强力和断裂伸长率的测定（条样法）》中的方法测量染色前后织物拉伸断裂强力。

1.3.6　防紫外线性能测试

依据GB/T 18830—2009《纺织品 防紫外线性能的评定》测试方法，分别测定经罗布麻叶黄酮染色前后羊毛织物在280~400 nm范围内的T_{UVA}、T_{UVB}和UPF值。

2　结果与讨论

2.1　紫外-可见光谱分析

黄酮类化合物结构中存在苯甲酰基（A环）与桂皮酰基（B环），在紫外光谱中可以观察到两个吸收峰区域，其中带Ⅰ(300~400 nm)为桂皮酰基，带Ⅱ(240~280 nm)为苯甲酰基[12]。由图3可知，罗布麻叶提取物的紫外-可见光谱在276 nm和340 nm处存在两个特征吸收峰，因此可以初步确定该提取物为黄酮类化合物。

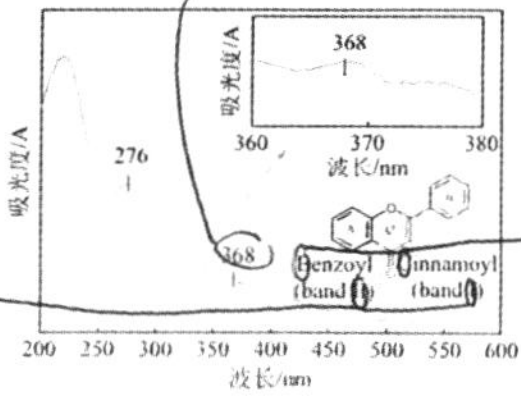

图3　罗布麻叶黄酮提取物的紫外-可见光谱

Fig.3　UV-visible absorption spectrum of flavonoids extracted from *Apocynum venetum* leaves

2.2　红外光谱分析

图4为罗布麻叶提取物的傅里叶红外光谱。可知，在3 384 cm⁻¹处存在明显的特征吸收峰，这主要是由—OH伸缩振动所致；2 926 cm^{-1}为—CH_2非对称伸缩振动峰；1 636、1 419 cm^{-1}处分别为羰基伸缩振动的特征吸收峰和苯环的特征吸收峰；881 cm^{-1}处的吸收峰是苯环上取代基位置引起的；576 cm^{-1}为色原酮骨架C—C面外弯振动峰[13]。综上，可确定提取物为黄酮类化合物。

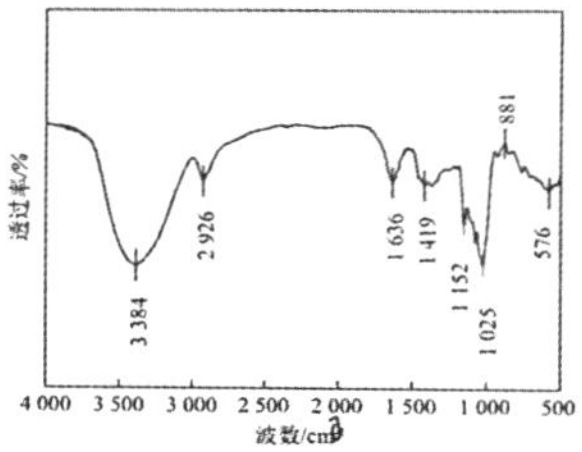

图4　罗布麻叶黄酮提取物的傅里叶红外光谱

Fig.4　FTIR spectrum of flavonoids extracted from the leaves of *Apocynum venetum* leaves

2.3　罗布麻叶黄酮色素对羊毛织物染色效果分析

2.3.1　染色温度的选择

根据1.2.2的染色方法，在染色温度60、70、80、90、100 °C，染色时间30 min，Na_2CO_3浓度2 g/L，固色时间30 min条件下对织物进行染色，温度对黄酮色素上染羊毛织物的影响见图5和表1。

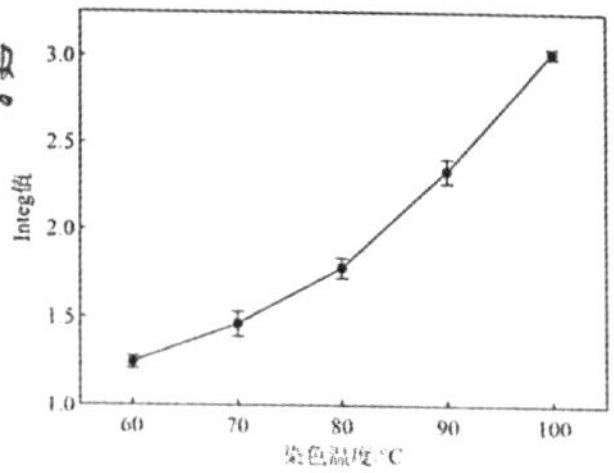

图5　染色温度与罗布麻叶黄酮色素染色性能的关系曲线

Fig.5　The relationship curve between dyeing temperature and the dyeing performance of flavonoids pigment from *Apocynum venetum* leaves

第1期　　77

有发生变化，表明该方法下可制得纯的 $BaSO_4$ 且结构稳定。

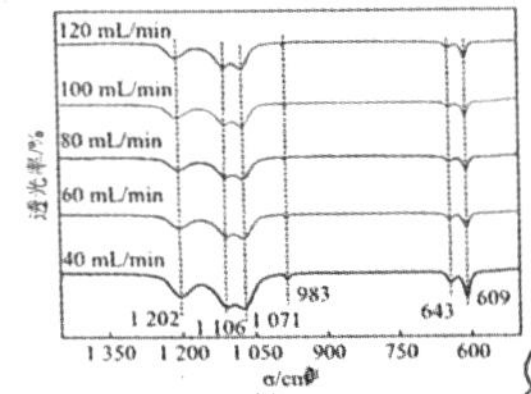

图9　不同解吸气速下制备的 $BaSO_4$ 晶体的FT-IR图

Fig.9　FT-IR images of $BaSO_4$ prepared at different desorption gas rates

2.5　C_2H_5OH 添加量对 $BaSO_4$ 的影响

以上研究证实本研究采取的实验方法可制得纯的纳米级 $BaSO_4$ 晶体，文献[25]表明 $BaSO_4$ 晶体的粒径越小，裸露在表面的原子数目越多，表面能越强，为降低表面能，相邻微粒会产生团聚。因此，选用无水 C_2H_5OH 作为表面活性剂加入到溶液中，从一定程度上阻止了微粒间的团聚。图10为添加了不同量的无水 C_2H_5OH 后制得的 $BaSO_4$ 晶体的SEM图。

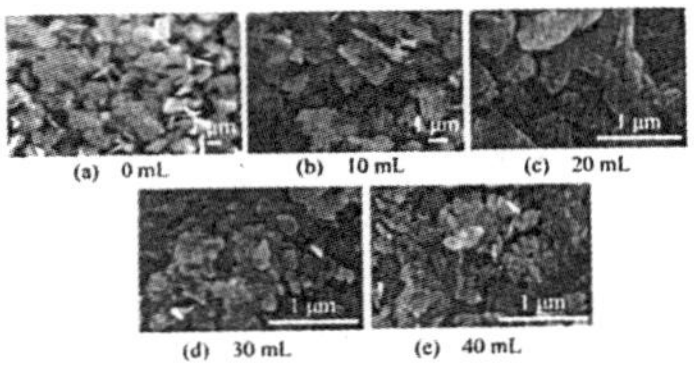

图10　不同 C_2H_5OH 添加量下制备的 $BaSO_4$ 晶体的SEM图

Fig.10　SEM images of $BaSO_4$ prepared with different ethanol additions

从图10可以看出，C_2H_5OH 加入反应中后，晶体的粒径明显减小，且随着 C_2H_5OH 加入量的增加，产物的粒径越来越小。这是因为粒子从液相中析出通常是由两个过程构成的：一是核的形成过程，二是核的长大，称为生长过程。当成核速率小于生长速率时，有利于生成大的粒子；当成核速率大于生长速率时，有利于纳米粒子的形成。为了获得纳米粒子须保证成核速率大于生长速率，即保证反应在较大的过冷度或高的过饱和度下进行。采用乙醇作为反应介质，可明显提高反应的相对过饱和度，使反应在短时间内形成大量的晶核，较好地抑制了晶核的生长，得到粒径较小的硫酸钡颗粒。

从图10可以看出，C_2H_5OH 量为10 mL时，晶体的形貌是花瓣形，继续增大 C_2H_5OH 的量，晶体粒径继续减小，形貌变得很不规则。综合分析得出，当 C_2H_5OH 添加量为10 mL时，所得的产物粒径最小且形貌均一。该研究表明，C_2H_5OH 的加入确实降低了 $BaSO_4$ 微粒的尺寸，并且改变了 $BaSO_4$ 的形貌。

图11为不同 C_2H_5OH 添加量下制备样品的红外光谱图，图中1 205、1 105、1 070、983、644、609 cm⁻¹处出现的红外吸收峰与 $BaSO_4$ 特征峰的文献值相吻合[19-21]。随着 C_2H_5OH 含量的改变，$BaSO_4$ 的特征峰没有发生变化，FT-IR的结果表明，该方法下可制得纯的 $BaSO_4$ 且结构稳定。

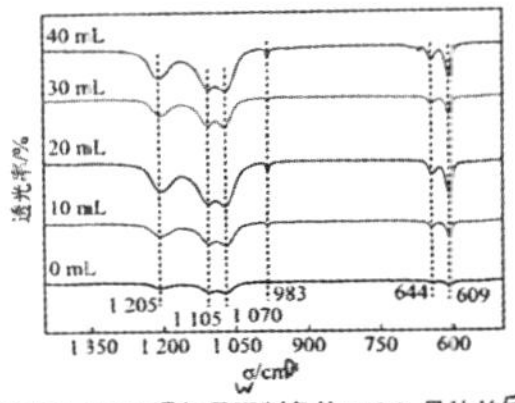

图11　不同 C_2H_5OH 添加量下制备的 $BaSO_4$ 晶体的FT-IR图

Fig.11　FT-IR images of $BaSO_4$ prepared at different ethanol additions

根据以上研究结果，分别对无添加 C_2H_5OH、添加20 mL C_2H_5OH、添加30 mL C_2H_5OH 所制得的 $BaSO_4$ 进行了XRD的检测，如图12所示。

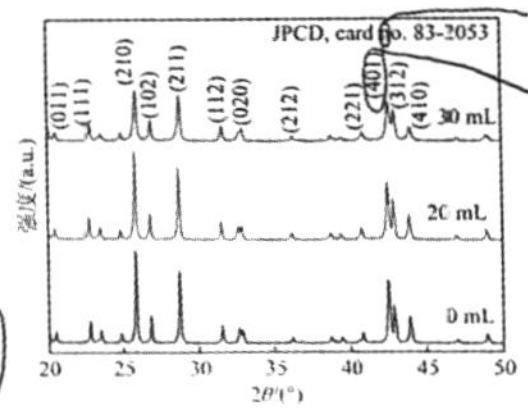

图12　$BaSO_4$ 的XRD谱图

Fig.12　XRD pattern of barium sulfate

由图12可知，其特征衍射峰在20.46°、22.80°、25.83°、26.83°、28.73°、31.54°、32.66°、36.16°、40.82°、42.54°、42.92°、43.94°处分别对应(011)、

参考文献

[1] 国家技术监督局.量和单位:GB 3100～3102—1993[S].北京:中国标准出版社,1994.

[2] 国家市场监督管理总局,国家标准化管理委员会.学术论文编写规则:GB/T 7713.2—2022[S].北京:中国标准出版社,2022.

[3] 国家新闻出版广电总局.学术出版规范 科学技术名词:CY/T 119—2015[S].北京:中国标准出版社,2015.

[4] 国家新闻出版署.学术出版规范 表格:CY/T 170—2019[S].北京:中国标准出版社,2019.

[5] 国家新闻出版署.学术出版规范 插图:CY/T 171—2019[S].北京:中国标准出版社,2019.

[6] 梁福军.科技论文规范写作与编辑[M].4 版.北京:清华大学出版社,2020.

[7] 上海市期刊协会.扫叶留痕:上海期刊编校差错辨析 365 例[M].上海:上海大学出版社,2019.

[8] 中华人民共和国国家质量监督检验检疫总局,中国国家标准化管理委员会.信息与文献 参考文献著录规则:GB/T 7714—2015[S].北京:中国标准出版社,2015.

[9] 中央宣传部出版产品质量监测中心.图书编校质量差错案例[M].北京:商务印书馆,2019.

后　记

本书中所收录和简析的错误案例，绝大部分出自近年《内蒙古工业大学学报(自然科学版)》(以下简称《学报》)刊发的硕士研究生论文初稿。

可能有人会认为，只要多读文献就能写出规范的科技论文。许多研究生导师对学生的第一要求便是大量阅读文献，认为文献积累到一定程度后，论文写作便自然水到渠成。然而，事实并非如此，即便研究结论非常有价值，论文也往往要经过三番五次的修改才能勉强被期刊接收。反复修改过程中，作者可能存在很多质疑：为什么自己倾注心血完成的论文会被如此“挑刺”呢？以《学报》收到的研究生投稿为例，许多论文都是作者的“处女作”，普遍存在图表设计不规范、文辞表达不严谨等问题。论文修改不但需要导师投入大量的时间和精力，还需要编辑工作者不厌其烦地与作者及导师沟通。而随着每年研究生新生入学，类似问题又会进入新一轮循环。

作为地方高校的科研工作者，同时作为高校期刊的编辑工作者，我们对科技论文的语言表达和形式规范方面的问题更加敏感。适逢《学术论文编写规则》(GB/T 7713.2—2022)(以下简称《规则》)发布实施，编辑部基于近年硕士研究生论文中的常见问题，将其汇编成册，以期对研究生作者特别是理工科研究生论文写作提供切实帮助。

本书正文分为前置部分、正文部分、编排格式、语言文字、标点符号五个部分。每部分均附上《规则》中对应的要求，梳理常见问题，并辅以具体案例进行简析，帮助研究生作者直观理解《规则》，规避误区。

在此，特别感谢编辑部领导的大力支持，感谢编委、作者提出的宝贵意见，亦感谢研究生助理、内蒙古工业大学资源与环境工程学院2023级硕士研究生刘煜同学为错例录入、图表处理所做的大量基础性工作。

由于时间仓促，加之作者水平和能力有限，书中可能存在种种不足之处，有些“修改建议”和“简析”也并非定论而有待商榷，诚恳期待广大读者和专家批评指正。

著　者

2024年8月